贵州省高校人文社会科学研究项目资助——老年人数字社会融入机制与路径研究（2024RW282）

老年人

数字社会融入机制与路径研究

朱 珠 梁 茜 杨 熙 马 嘉◎著

九州出版社
JIUZHOUPRESS

图书在版编目（CIP）数据

老年人数字社会融入机制与路径研究 / 朱珠等著 .

北京：九州出版社，2024. 12. -- ISBN 978-7-5225

-3447-3

Ⅰ . TS976.34-39

中国国家版本馆 CIP 数据核字第 2024RT8778 号

老年人数字社会融入机制与路径研究

作　　者	朱　珠　等著	
责任编辑	周红斌	
出版发行	九州出版社	
地　　址	北京市西城区阜外大街甲 35 号（100037）	
发行电话	（010）68992190/3/5/6	
网　　址	www.jiuzhoupress.com	
印　　刷	北京亚吉飞数码科技有限公司	
开　　本	710 毫米 ×1000 毫米　16 开	
印　　张	12.5	
字　　数	198 千字	
版　　次	2025 年 4 月第 1 版	
印　　次	2025 年 4 月第 1 次印刷	
书　　号	ISBN 978-7-5225-3447-3	
定　　价	86.00 元	

前　言

在全球信息化和数字化飞速发展的背景下，数字技术已经渗透到社会生活的各个领域，改变了社会结构和人们的生活方式。然而，随着人口老龄化的加剧，老年人作为一个特殊群体，面临着数字社会融入的诸多挑战。老年人数字融入不仅关系着他们的生活质量和社会参与度，也直接影响着社会的公平与和谐发展。因此，研究老年人数字社会融入的机制与路径，具有重要的现实意义和理论价值。

本书从老年人数字融入的现状、困境及其影响因素出发，探讨老年人数字社会融入的机制与路径，主要内容包括：老年人数字融入概述、老年人数字融入困境与改善策略、老年人数字社会融入机制、老年人数字生活服务的协同保障路径、老年人数字公共服务供给失配及其"适老化"路径、数字智慧养老视角下的养老服务体系优化路径。通过系统分析和深入探讨，旨在为促进老年人数字社会融入提供科学的理论依据和实践指导。

本书具有以下特色：首先，综合运用了多种研究方法，包括文献研究、实地调研、问卷调查等，以确保研究的全面性和科学性。其次，从多维度、多层次剖析老年人数字社会融入的现状与问题，结合国内外先进经验，提出了切实可行的对策建议。最后，注重政策支持与实践路径的结合，既有理论探讨，又有实践指导，具有较强的应用价值。

本书在完成过程中，得到了诸多学者、专家和实务工作者的支持和帮助。在此，谨向所有给予指导和帮助的人士致以诚挚的谢意。同时，由于研究视角和方法的局限，难免存在不足之处，敬请各位专家和读者批评指正。

目　录

绪　论　　　　　　　　　　　　　　　　　　　　　　　　　　1

第一章　老年人数字融入概述　　　　　　　　　　　　　　21

第一节　中国的数字化进程　　　　　　　　　　　　　21
第二节　人口老龄化现状及发展趋势　　　　　　　　28
第三节　建设数字包容的智慧老龄社会　　　　　　　32

第二章　老年人数字融入困境与改善　　　　　　　　　　45

第一节　老年人数字融入困境的表现　　　　　　　　45
第二节　老年人数字融入困境化解的具体指引　　　　56

第三章　老年人数字社会融入机制　　　　　　　　　　　69

第一节　推进顶层设计与政策支持　　　　　　　　　69
第二节　践行文化反哺与朋辈互助　　　　　　　　　88
第三节　提高老年人社会服务与素养　　　　　　　　95
第四节　加强社区培训队伍建设　　　　　　　　　　102

第四章　老年人数字生活服务的协同保障路径　107

第一节　老年人使用智能手机的数字生活　107

第二节　老年人社交媒体平台融入　113

第三节　老年人群智能出行产品服务开发　121

第四节　老年人网络消费的对策建议　125

第五节　社会工作介入老年人数字融入　130

第五章　老年人数字公共服务供给失配及其"适老化"路径　139

第一节　大数据背景下老年公共服务体系构建　139

第二节　线上线下混合式老年教育工作探索　143

第三节　公共图书馆老年读者服务成效提升　148

第六章　数字智慧养老视角下的养老服务体系优化路径　157

第一节　数智视角下的老年服务模式　157

第二节　现代服务理念下的智慧康养　159

第三节　智慧养老中的老年人数字信任建立　166

参考文献　186

绪　论

一、研究源起与价值

（一）研究源起

1.研究背景

（1）人口老龄化与数字化发展

随着数字信息社会的迅速发展，智能手机已成为日常生活中的必备工具。然而，部分老年人由于文化水平较低和接受新事物的速度较慢，难以适应数字信息社会的快速变化。这种现象导致了老年人在支付、出行等日常生活中面临困难，同时也易受到电信诈骗等问题的困扰。智能化生活方式与这些"数字难民"之间的技术隔阂使老年人融入数字信息社会成为一个不可忽视的现实问题。

（2）老年人面临的数字化困境

尽管部分老年人开始学习并适应数字技术，但他们仍然面临严峻的数字化困境。在线支付、在线学习、在线点餐、在线挂号、健康码等功能已成为生活的一部分，但这些数字服务主要面向年轻人，大多数老年人由于缺乏智能手机的操作能力，难以融入这一数字生活，这种巨大的"数字鸿沟"导致老年人面临消费受阻的困境。这种银色数字鸿沟不仅阻碍了老年人与数字世界的交流，也影响了他们的日常生活。

（3）智慧养老与老年人数字能力

随着老龄化加剧，老年人对多样化护理服务的需求日益增长。智慧养老作为一种结合互联网技术和传统养老方式的创新模式，旨在通过传感器和智能设备，提供安全、舒适、健康、便捷的养老服务。然而，智慧养老的普及依赖老年人的数字能力，但许多老年人缺乏参与数字社会的能力，阻碍了智慧养老的推广。因此，提高老年人的数字能力成为当务之急。

（4）国家政策支持与数字包容

为了应对老年人的数字鸿沟问题，国家出台了一系列政策，如国务院办公厅发布的《关于切实解决老年人运用智能技术困难的实施意见》，以及全国老龄工作委员会的"智慧助老"行动计划。[①]这些政策旨在提高老年人的数字能力，帮助他们更好地适应数字社会。然而，政策的实际效果有限，需要进一步整合社会各界力量，共同促进老年人数字包容。

（5）信息化社会的迅速发展

信息化时代是一个高度利用信息的时代，代表着先进的生产力。数字化的核心是将各种信息转化为数据，并通过互联网、人工智能等技术应用于各个领域。"互联网+"的兴起将传统行业与互联网技术相结合，推动社会、经济、文化结构的重塑。然而，老年人由于数字技术掌握不足，难以享受到数字化带来的便利。

（6）银色数字鸿沟的扩展与挑战

银色数字鸿沟是指老年人无法熟练使用数字设备，难以融入互联网生活的现象。尽管信息化社会为人类提供了便捷的生活环境，但老年人在数字接入和数字素养提升方面仍面临诸多挑战。这种鸿沟不仅限制了老年人的数字生活体验，也影响了他们的社会参与和生活质量。

（7）数字包容的努力与挑战

为缩小银色数字鸿沟，社会上出现了为老年人提供数字培训、设计智能化产品等数字包容举措。然而，这些措施覆盖面有限，效果尚不显著。要想真正实现老年人的数字包容，需要多方协同，提供全面、系统的服务，提高老年人的数字素养，帮助他们融入数字社会。

[①] 新时代积极应对人口老龄化发展报告——中国老龄化社会20年：成就·挑战与展望[C]//中国老年学和老年医学学会.新时代积极应对人口老龄化发展报告——中国老龄化社会20年：成就·挑战与展望.[出版者不详]，2021：24.

2.网络互动研究现状

网络互动被视为传统人际互动的补充和延伸。在这一观点中，网络社交本质上是一种人际交往形式，虽然媒介是技术手段，但其交流和互动的实质仍然是人与人之间的互动。在这种互动中，技术手段被视为一种服务性工具，Alley等人对web1.0和web2.0的对比研究表明，web2.0功能的使用能提高老年人的参与度。[①]Sayago等人的研究则揭示了老年人在网络互动中的一些困难，强调技术恐惧症并非唯一影响因素，还需考虑社会关系和生活经历。[②]

网络互动提供了更为广泛和立体的交互方式，个体可以通过文字、图像、音频等媒介进行互动，还可以通过虚拟现实技术体验身临其境的交互。依托网络互动，社交媒体的兴起推动了个体对于自我塑造的需求，形成更加真实、丰富的自我图景。[③]例如，孙信茹等研究中老年女性通过手机拍照在网络空间里完成自我的主体性构建。数字时代，视觉传播环境和社交网络的共同作用下，人们可以加入不同的社群，与志同道合的人们交流和共建，从而实现自我重塑和归属感的建立。

关于网络交往的研究视角和理论取向，基本观点有两种：一是强调网络空间的特殊性，认为网络世界与现实世界有二元区分；二是强调身体不在场、匿名的特征，认为线上与线下之间是互相建构的。本书更倾向于第二种观点，认为网络互动是人们在网络虚拟区域内自由获取、发布信息，并通过数字与其他互联网用户产生的虚拟"面对面"互动，这种互动在空间上延伸了传统的人际距离。即使在虚拟社会中，社会性个体的主观能动性仍然在互动中起关键作用。过去的研究或从符号互动论、技术视角或"自我"视角出发，探讨了网络社会对"自我"的再塑造。综上所述，互联网的出现使网络空间中的互动过程发生了变化，展现出不同于传统社会的新特征。

[①] Alley S J, Kolt G S. Duncan M J. eta. The effectiveness of a web 2.0 physical activity intervention in older adults à randomised controlled trial[J].International Journal of Behavioral Nutrition and Physical Activity, 2018, 15（1）: 4.

[②] Sayago S, Blat J. An ethnographical study of the accessibility barriers in the everyday interactions of older people with the web[J]. Universal Access in the Information Society, 2011, 10（4）: 359-371.

[③] 余宇. "银发冲浪族"：数字时代老年人的社会互动研究[D].山东大学，2023：4.

3.数字能力研究现状

（1）数字能力内涵及相关研究

国内对数字能力的研究起步较晚，其内涵因目标群体的不同而有所差异。管运芳等[①]从企业发展的角度定义数字能力为企业管理和创业中保持可持续竞争优势的关键要素，涵盖数字感知、资源协同、数字运营等多维度的综合能力，同时具备系统性和整合性特征。王佑镁和杨晓兰等[②]学者则从个人发展的角度出发，将数字能力视为数字素养的一部分，认为其概念是综合、动态和开放的，源自计算机素养、互联网素养、信息素养和媒介素养等相关概念的演变。数字能力反映了个人的自信心、洞察力以及对信息科学的敏锐度。

（2）数字能力与数字鸿沟关系研究

老龄化与数字化并行的现象在全球普遍存在，不同国家的表现形式各异。我国的数字鸿沟研究起步较晚，刘建国和苏文杰[③]指出老年群体在数字使用中存在的障碍被称为银色数字鸿沟，表现为接入沟、使用沟和知识沟，阻碍了老年人参与数字领域。沈费伟[④]将老年数字鸿沟分为基础设施的"接入鸿沟"、智能设备的"使用鸿沟"和能力素养的"知识鸿沟"。

近期研究也关注到数字能力与数字获得感之间的联系。罗强强[⑤]证实了数字能力对老年人数字获得感的正向影响，指出数字社会参与在其中起的中介作用，并提到虽然我国老年网民数量增加，但许多老年人在信息基础设施接入和使用能力上仍存在差异，成为数字社会的边缘徘徊者。

---

① 管运芳，唐震，田鸣，杜红艳.数字能力对公司创业的影响研究：竞争强度的调节效应[J].技术经济，2022，41（06）：95-106.

② 王佑镁，杨晓兰，胡玮，王娟.从数字素养到数字能力：概念流变、构成要素与整合模型[J].远程教育杂志，2013，31（03）：24-29.

③ 刘建国，苏文杰."银色数字鸿沟"对老年人身心健康的影响：基于三期中国家庭追踪调查数据[J].人口学刊，2022，44（06）：53-68.

④ 沈费伟，曹子薇.从数字鸿沟到数字包容：老年人参与数字乡村建设的策略选择[J].西北农林科技大学学报（社会科学版）2023，23（01）：21-29.

⑤ 罗强强，郑莉娟，郭文山，冉龙亚."银发族"的数字化生存：数字素养对老年人数字获得感的影响机制[EB/OL].图书馆论坛：1-11.

（3）社会支持提升老年人数字能力的研究

社会支持指个体在社会中获得的物质、精神、信息等帮助，其内涵在不同研究中有所不同。

第一种观点认为社会支持是一种社会互动。周裕琼[①]指出，家庭中的代际互动是缩小数字鸿沟的重要途径，有助于弥合数字鸿沟并加强家庭成员关系。陈成文[②]认为，社会支持是社会成员向弱势个体提供的救助行为，包括主动寻求和被动接受两种形式。马富琴[③]也指出，社会支持为流动老年人生活质量的提升提供了帮助。

第二种观点认为社会支持是社会资源的聚合。赵磊磊[④]提出社区可以通过引进项目、开发社会资源等方式汇聚社会资源，并提供教育服务、家庭慰问和经济补贴。秦晗[⑤]通过实证研究指出，非正式组织如社区和慈善组织只能单向为儿童提供安全健康的环境，而实现社会支持的能力则需要双向的互动和多边的网络建构。

第三种观点认为，社会网络的支持功能对弱势群体效果更为突出。张楠[⑥]指出，社会网络的支持功能可以整合社会资源，最大程度发挥社会支持效能。

在提升老年人数字能力方面，不同学者认为通过社会支持可以实现"赋能"的效果。杨菊华和刘轶锋[⑦]指出，社会支持赋能旨在帮助弱势群体提升数字能力，这需要政府、市场、家庭、社会和老年人共同参与，形成"五位

① 周裕琼.数字弱势群体的崛起：老年人微信采纳与使用影响因素研究[J].新闻与传播研究，2018，25（07）：66-86+127-128.

② 陈成文，潘泽泉.论社会支持的社会学意义[J].湖南师范大学社会科学学报，2000（06）：25-31.

③ 马富琴.社会支持对流动老人生活质量的影响研究[D].西北农林科技大学，2021：5.

④ 赵磊磊.农村留守儿童学校适应及其社会支持研究[D].华东师范大学，2019：6.

⑤ 秦晗.农村留守儿童社会支持的实证研究[D].西北农林科技大学，2019：14.

⑥ 张楠.社区社会资本对居民参与治理的作用机制研究[D].黑龙江省社会科学院，2021：8.

⑦ 杨菊华，刘轶锋.数字时代的长寿红利：老年人数字生活中的可行能力与内生动力[J].行政管理改革，2022（01）：26-36.

一体"的新格局。周晓虹[①]强调家庭文化反哺的重要性，李彪[②]认为数字反哺对老年人数字能力是一种正向支持。

在政策支持方面，国内学者从不同理论视角对政策供给进行了研究。杨巧云[③]从数字包容视角提出，数字赋能的最终目的是帮助各种人群更好地融入数字时代。陆杰华[④]基于数字鸿沟和知沟理论视角，认为政府应重视调节与平衡不同群体间的核心利益，实现数字鸿沟的全面治理。彭鑫钰[⑤]指出，老年数字鸿沟的社会政策支持之窗需要"时机"和"节点"的刺激才能开启，政府应坚持"以人为本"的理念。刘育猛[⑥]认为数字包容政策应兼顾宏观系统性和微观可及性。徐倩[⑦]主张建设数字包容社会，保护数字弱势人群。徐越[⑧]则指出老年人数字包容政策的推广仍面临许多障碍。

4.数字信任研究现状

国内外对数字信任的讨论始于各种信息技术的技术信任，在线环境中的用户信任被认为是新技术或在线服务的关键要素。数字信任的定义从数字社会发展视角、网络安全视角和区块链信任视角提出。

---

① 周晓虹.文化反哺与媒介影响的代际差异[J].江苏行政学院学报，2016，（02）：63-70.

② 李彪.数字反哺与群体压力：老年群体微信朋友圈使用行为影响因素研究[J].国际新闻界，2020，42（03）：32-48.

③ 杨巧云，梁诗露，杨丹.数字包容：发达国家的实践探索与经验借鉴[J].情报理论与实践，2022，45（03）：194-201.

④ 陆杰华，韦晓丹.老年数字鸿沟治理的分析框架、理念及其路径选择：基于数字鸿沟与知沟理论视角[J].人口研究，2021，45（03）：17-30.

⑤ 彭鑫钰.政治源流的地位与功能：基于中国语境的多源流理论解析：以破解老年群体"数字鸿沟"政策制定为例[J].领导科学论坛，2021，（05）：65-74.

⑥ 刘育猛.数字包容视域下的老年人数字鸿沟协同治理：智慧实践与实践智慧[J].湖湘论坛，2022，35（03）：107-119.

⑦ 徐倩.老龄数字鸿沟根源剖判与数字包容社会构建方略[J].河海大学学报（哲学社会科学版），2022，24（02）：94-101+112.

⑧ 徐越，韵卓敏，王婧媛，景荣杰，黄黎明，沈勤.智能化背景下，老年人数字鸿沟的影响因素及其形成过程分析[J].智能计算机与应用，2020，10（02）：75-82.

信任并不是一个静态的概念，而是动态的心理和社会现象，信任就其形成的心理机制和社会过程来说，是系统的、不可分割的。现有关于数字信任的研究，学者多从宏观的社会发展视角定义数字信任的独有特征，没有从动态的角度考察不同阶段信任影响因素的差异，没有突出信任建立的过程性和动态性。在不同的社会背景下，人际信任、制度信任和技术信任对社区建设的影响因素也是不同的，但实际研究中，被研究和调查的信任类别多数是纵向的信任类别，对于数字信任在社区环境中的研究还不够充分。影响数字信任的因素不仅体现在人际层面，也体现在来自技术系统、个体心理特征和社区制度等方面的影响。较少学者关注到社区智慧养老案例，实际上，研究表明养老机构缺乏公信力，老年人对养老机构和智能产品的不信任是当前机构养老制度运营和发展的巨大障碍。

5.智慧养老研究现状

（1）国外研究现状

国外对智能家居的研究起步较早，研究较为透彻，关于智慧养老的研究可分为倡导社区护理模式、推广智能家居和老年护理满意度调查三方面，专业性比较强，关注的重点都在于从技术应用的角度帮助居民更好地融入社区环境，提高工作人员的护理服务效率。

第一，学者们关注提高社区护理的服务质量，英美发达国家的"社区照料"和"社区照护"模式已较为成熟，倡导运用互联网技术和"智能家居"提高医疗保健水平。实证研究表明，社区护理已经代替养老机构成为老年人的首要选择，原因在于社区护理比机构护理更人道和便宜。宏观来讲，由于财政问题和移民等问题，对老年家庭成员的照顾和社会支持等传统功能逐渐减少。通过传感器和数据库建设能够帮助居民更好地融入社区环境，提高工作人员护理服务的整体效率。

第二，国外学者就运用智能家居和远程医疗化解养老困境达成共识，也为国内研究智慧养老提供了参考。Gerontechnology一词是满足老年人愿望的智能家居科学研究领域的术语，肯定了社区环境中技术解决老年人养老问题方案的可行性，但同时也需要深入研究技术、伦理、法律、临床等方面的影响和挑战，以促进智能家居的进一步发展。

第三，学者研究了影响老年人家庭生活满意度的因素。经调查研究发现，集体家庭效能感、身体健康状况、抑郁、家庭分化、家庭沟通、家庭支持是影响老年人家庭生活满意度的重要因素。此外，家庭护理服务在未来的老年护理领域占据更重要的地位，应探索远程医疗（在信息和通信技术的支持下，将健康和社会护理带给用户的服务）、远程保健和其他电子服务来化解养老困境，如客户驱动的服务平台——老年人的服务平台。

（2）国内研究现状

国内在过去的20年中涌现了一大批智慧养老服务体系研究。学界广泛讨论的"互联网+"智慧养老为解决养老问题提供了新视野，在实践过程中，一些制约社区智慧养老的问题逐渐暴露出来，表现在技术应用层、合作治理层和认知伦理层等方面的障碍。

第一，技术应用层面关注智慧养老的资源配置效率，运用智能技术、产品和设备提供标准化、专业化的养老服务，研究构建智慧养老服务平台等。将智慧养老的困境归结于信息化和智能化程度低，智能产品不够"智慧"，涉老信息和数据的应用、整合和共享等割裂。此外，老年人数字认知的滞后性与智能设备的低保有率使其面临"数字失灵"障碍。"技治主义""唯技术论"倾向过多关注技术功能、应用及其工具性价值维度，供给侧存在"重技术、轻需求"现象，对智慧养老的功能界定过于理想化和泛化，忽视主体感受和服务体验，缺乏系统化、理论化的认知。

第二，合作治理层强调政府在智慧养老产业发展中的主导作用，通过整合社会力量、多元主体合作制度和设施建设促进养老产业的发展。从宏观层面制定发展规划、加大财政支持力度和专业人才培养以构建智慧养老的实现路径。智慧养老的发展仍需明确政府责任，加快制定相关产品和服务标准，完善相关法律法规，发挥监管职能，构建起以居家养老为基础、社区服务为依托、机构养老为支撑的智慧养老服务体系，以实现信息资源的整合和利用。

第三，认知伦理层讨论科学技术应用导致的价值偏离和尊严丧失的可能性，关注数字技术带来的伦理道德失范和个体非理性思维等社会伦理风险。例如，"科技理性"和"价值理性"分离导致的风险，"技术支配倾向"导致的"对象化风险""孝道降阶化"和"孝养关系疏离"，人机交互模式下的安全失控风险等。在认知层面，老年人缺乏对智能设备的正确认知，因身体机能减退和记忆力差等原因对智能应用产生无力感和抵触情绪，形成"数字恐惧"和错误的"数字认知"。认知伦理学派从社会风险和人文价值的角度探讨伦理风险，探寻科学技术的应用与伦理价值的平衡点。

（二）研究价值

本研究探讨老年人融入数字社会的机制与路径，具有重要的理论和实践价值。

在理论方面，通过系统研究老年人数字融入问题，丰富和拓展现有的数字社会理论，填补该领域的研究空白，并推动社会学、信息学和老年学等多学科的交叉融合。在政策方面，通过分析现有社会政策，提出优化建议，助力政策制定者提升老年人数字能力，确保老年人在数字社会中的公平与包容。

在实践方面，通过探讨老年人数字融入困境与挑战，提出改善社会服务和数字产品适老化设计的具体措施，为社会服务提供者和产品开发者提供指导。同时，研究社区培训与朋辈互助机制，提出可行性操作指南，促进老年人群体内部的互助与支持。

本研究还具有重要的社会影响，通过推广适应老年人的数字技术和服务，提高老年人的数字技能和生活质量，增强其社会参与感和幸福感。同时，通过文化反哺和代际交流，增进不同年龄段人群之间的理解与沟通，促进家庭和社会的和谐发展。本研究不仅为老年人融入数字社会提供了全面的解决方案，也为构建包容、和谐的数字社会奠定了基础。

二、研究界定与理论基础

（一）数字鸿沟理论

数字鸿沟这一术语首次在20世纪90年代末期被引入我国，其目的在于精确阐述个体在信息通信技术（ICT）设备接入、设备运用以及知识获取层面上所存在的差异性。

数字鸿沟的概念亦被广泛应用于探讨国家间在基础通信设施发展方面所存在的差异性。数字鸿沟理论认为，数字不平等不仅体现在不同国家和地区之间，也体现在社会内部的不同人群之间。对于老年人而言，信息贫困现象尤为严重，经济能力不足和数字素养不高是其主要挑战。

Attewell[1]提出，数字鸿沟分为接入沟、使用沟和知识鸿沟三个层次。在老年人群体中，数字鸿沟主要体现在使用沟上，即老年人使用数字工具的技能较为有限。

Venkatesh等[2]在UTAUT模型基础上修订了影响数字技术接受的因素，包括性能预期、努力期望、社会影响等。提高ICT技能对于缩小数字使用鸿沟至关重要。老年人与年轻人之间的数字鸿沟不仅体现在接入和使用上，还体现在知识获取能力上。

学者们普遍认为，数字鸿沟的存在对社会造成了深远的影响，包括加剧社会分化、促进社会排斥以及强化社会不平等问题。鉴于此，针对数字鸿沟的研究旨在积极推动数字融入，以缓解这些社会问题，促进社会的全面、均衡和包容性发展。数字融入旨在通过信息通信技术的普及与平等应用，消除因数字鸿沟带来的社会排斥现象，并强调通过数字化手段赋权个体和群体，从而提高其生活质量。这不仅涉及设备和网络的物理接入，更关注个体获取数字技能、信息资源以及有效利用这些资源参与社会活动的能力。

（二）数字融入

数字融入是一个旨在缩小不同社会群体之间数字技术使用差距的概念，特别是关注边缘化群体的社会参与和包容。尽管数字信息技术的迅猛发展已

---

① Attewell P. The First and Second Digital Divides[J].Sociology of Education，2001，74（3）：252-259.

② Venkatesh V.，Thong J.，Xu X. Consumer Acceptance and Use of Information Technology：Extending the Unified Theory of Acceptance and Use of Technology[J].MIS Quarterly，2012，36（1）：157-178.

显著影响了现代社会，但其惠及并不均等。因此，数字融入不仅涉及提供设备和技术支持，更注重培养人们使用这些技术的能力，从而促进社会公平和全面参与。

数字融入的关键在于确保所有社会成员能够平等地获得和使用ICT及其他数字技术，以便在信息社会中平等地获取资源和机会。这一概念强调社会成员的广泛参与，确保每个人都能通过数字技术获益，参与社会活动，维护自身权利。同时，数字融入还涉及对老年群体的关注，通过赋权赋能，提高其生活质量，增强其在数字化社会中的话语权，并消除其对老年群体的负面刻板印象，促进其健康地参与到社会、经济、文化和公共事务中。

（三）数字能力

最早的数字能力概念源于Paul Gilster[①]在1997年提出的"数字素养"一词，他在《数字素养：信息时代的关键能力》中系统阐述了这一概念，定义为通过计算机等信息工具理解和使用各种信息来源的能力。在这一基础上，数字能力的概念逐渐成型和深化。

1.数字能力与数字素养的概念流变

20世纪80年代，随着计算机技术的兴起，西方国家开始重视数字素养（Digital Literacy）的概念。Paul Gilster[②]于1997年首次提出了这一术语，最初主要指对计算机数字资源和信息的理解与运用，重点关注计算机软件和硬件的处理。然而，随着计算机技术应用领域的不断扩大，数字素养的内涵也得到了扩展。以色列学者阿尔卡来[③]明确提出了数字素养框架，将其划分为五

---

① Eshet-Alkalai, Y.Digital literacy: A conceptual framework for survival skills in the digital era[J].Journal of Educational Multimedia and Hypermedia, 2004, 13（1）: 93-106.

② Pool CR, Gilster P.A New Digital Literacy: A Conversation with Paul Gilster[J].Educational Leadership, 1997, 55（3）: 6-11.

③ Eshet-Alkalai, Y.Digital literacy: A conceptual framework for survival skills in the digital era[J].Journal of Educational Multimedia and Hypermedia, 2004, 13（1）: 93-106.

个维度：图像素养、再创造素养、分支素养、信息素养、社会情感素养。[①]
在此基础上，Martin[②]指出，数字素养不仅涉及使用软件和数字设备的技术
技能，还需关注在数字环境下解决问题的认知和社会情感维度。数字素养被
视为一种社会行动，能够在特定情境下通过利用数字设备来分辨、获取、评
估、解析、整合和管理数字资源，从中获取新的知识，并提升与人沟通的意
识、能力和态度。

尽管许多学者将数字素养与数字能力（Digital Competence）视为同义词，
但从柯林斯字典的定义来看，Literacy与Competence之间存在区别：前者强调
基本使用能力，而后者则涵盖了更高层次的技巧和高效使用的能力。因此，
数字能力比数字素养拥有更为复杂和深层次的内涵。[③]欧洲议会与理事会在
2007年将数字能力定义为人类终身学习的八项关键能力之一，具体定义为在
工作、休闲和交流等领域运用信息社会技术（ICT）的信心和批判性思维能
力。尽管这一定义简短，但其涵盖了生活的诸多方面，并超越了专门知识和
技术技能的范围，因为它还涉及参与数字使用时的信心与批判性态度。

随着数字素养、数字能力、信息素养、媒介素养和ICT能力等概念的不
断发展和相互整合，数字能力逐渐成为一个包含多种素养在内的综合性概
念。2013年，欧盟委员会发布了首个版本的数字能力框架，明确了五个关键
维度：信息、交流、内容创造、安全和问题解决。这一框架旨在帮助欧洲公
民适应数字化时代的变革。随着全球数字化进程的加速推进，数字能力框架
在2016年、2017年和2022年进行了三次修订，最新版本纳入了人工智能、物
联网和虚拟机器人等新兴技术下所需的技能、知识和态度。当前，该框架已
成为国际上具有权威性的数字能力评估标准之一。

---

① 李晓静，王志涛.数字乡村战略下我国农民数字技能量表构建及应用[J].图书与情报，2023，（04）：117-128.

② Martinez-Bravo, Maria-Cristina;Sadaba-Chalezquer, Charo;Serrano-Puche, Javier.Fifty years of digital literacy studies：Ameta-research for interdisciplinary and conceptual convergence[J].Profesional de la infor-mación, 2020, 29（4）：290428.

③ Janssen, J., Stoyanov, S., Ferari, A., Punie, Y, Pannekeet, K., &Sloep, P.Experts'views on digital competence：Commonalities and differences[J].Computers &Education, 2013, （68）：473-481.

2.数字能力的群体研究分析

在教育领域，数字能力的培养尤为重要，尤其侧重教师和学生的数字能力发展。随着21世纪数字化和全球化的加速，数字能力已成为激发新的生产力的重要因素。掌握数字能力不仅意味着在就业、学习、休闲、个人发展和社会参与等方面具备安全、批判性和创造性地参与数字社会的能力，还能为个人和社会创造价值。因此，全球各国已将数字素养教育纳入其教育政策框架，尤其是老年人群体的数字素养现状和数字需求，成为学术界关注的重点。Alessandra Carenzio[1]在其研究中指出，老年人在使用互联网时常遇到技术挑战，因此社会支持网络在帮助他们参与互联网活动中发挥着重要作用。Neves等[2]通过对葡萄牙老年人使用互联网的现状调查，认为要提升老年人在数字社会中的积极性，需要在了解其数字活动需求的基础上提供相应的支持和教育。这些研究表明针对不同群体的数字能力培养需要细致而有针对性的方法，以缩小数字鸿沟，促进社会的全面数字融入。

3.老年人数字能力构成

根据2021年中央网络安全和信息化委员会发布的《提升全民数字素养与技能行动纲要》，我国对数字能力（素养）的定义为：数字社会公民在学习、工作和生活中应具备的包括数字获取、制作、使用、评价、交互、分享、创新、安全保障和伦理道德等一系列素质和能力的集合。[3]本研究在此基础上延展老年人数字能力的内涵，将其定义为：在数字参与过程中对智能设备或智慧平台的使用和认知能力的集合，具体包括五个方面，即数字基础使用能力、数字信息管理能力、数字社群构建能力、数字内容创造能力和数字安全能力。

[1] Rasi P.Older People's Media Repertoires，Digital Competences and MediaLiteracies：ACaseStudyfromItaly[J].EducationSciences，2021，11（10）：584.

[2] Neves B. B.，Amaro F.，Fonseca J.Comingof（Old）AgeintheDigitalAge：ICTUsageandNon-UsageAmongOlderAdults[J].Sociological Research Online，2013，18（2）：6.

[3] 李发戈.超越公民数字素养技能：领导干部的数字能力及指标体系构建[J].四川行政学院学报，2023，（03）：52-63+102-103.

（1）数字基础使用能力：指老年人在智慧养老服务中对数字设备进行物理性操作和基础性应用的能力，这包括如何启动和使用智能设备，进行基本的操作如浏览、下载和安装应用程序。

（2）数字信息管理能力：指老年人通过数字设备获取、评估、存储和分享信息的能力。此能力要求老年人能够有效地搜索、辨别和管理信息资源，确保信息的真实性和准确性，并能够安全地保存和共享这些信息。

（3）数字社群构建能力：指老年人利用智能手机等通信设备表达自身需求、进行数字交流，并与他人在互联网环境中互动的能力。此能力强调老年人能够通过社交媒体、即时通信工具等平台建立和维护社会联系，参与虚拟社区和在线讨论。

（4）数字内容创造能力：指老年人具备一定的数字知识后，能够对数字内容进行新的开发、整合和再创作的能力。此能力包括制作和发布多媒体内容，如视频、图片、文本等，从而积极参与数字内容的创造和传播。

（5）数字安全能力：指老年人在数字使用中具备数字隐私意识，能够安全访问互联网并实行自我防护的能力。此能力涉及识别和防范网络诈骗、保护个人隐私信息、使用强密码和安全软件，以及保持良好的网络安全习惯。

这些能力的培养和提升契合了智慧养老的核心理念，即智慧助老、智慧孝老和智慧用老，通过提升老年人的数字能力，不仅提高了其生活质量，还促进了老年人在社会中的积极参与。

（四）数字化公共服务

数字化公共服务是指政府利用现代数字技术，如大数据、云计算、区块链等，提升公共服务的质量和效率的实践。这一转型始于公共服务内容的扩展和丰富，涵盖了从社会救济和社会保险到社会福利服务、社会教育服务、社会住房服务、社会卫生服务、社会就业服务等多个阶段。随着全球信息化浪潮的到来，数字技术的迅猛发展为公共服务的创新提供了前所未有的机遇。为抓住这一科技革命带来的历史契机，各国政府必须从战略层面认识、发展和应用大数据，推动政府治理领域中大数据思维和技术的融合。

（五）数字鸿沟

数字鸿沟是信息时代的一个重要社会现象，是由于信息和通信技术的迅猛发展而产生的社会不平等现象。它反映了特定群体和地区在获取、利用信息技术以及享受信息化带来的红利方面存在的显著差异。正如大规模工业化伴随的环境污染和气候变化问题一样，信息技术的扩展也不可避免地带来了数字鸿沟和数字贫困的问题。在信息技术发展所引发的诸多社会问题中，数字鸿沟无疑是当前全球范围内亟待解决的重大挑战之一。

（六）数字贫困

数字贫困作为相对贫困的表现形式之一，是数字鸿沟进一步深化的结果。数字鸿沟的存在催生了一种新的贫困现象，即数字贫困。这一现象阻碍了贫困人群获取数字机遇、享受数字红利，对实现可持续脱贫形成了新的挑战。数字贫困者被形象地称为信息时代的"露宿者"，他们失去了参与信息创造和传播的机会，成为信息社会中的边缘群体。

2001年，印度经济学家阿马蒂亚·森[①]阐述能力贫困理论时指出，无论是绝对贫困还是相对贫困，归根结底都是个人或群体能力的问题，贫困不仅意味着低收入，还意味着无法发挥个人潜力。但实际上，数字贫困的成因是多元的，包括群体自身的能力问题以及数字供给能力、数字友好性和社会支持能力等多个方面。

2007年，阿马蒂亚·森[②]将贫困定义为对基本可行能力的剥夺。他认为，自由是发展的目的和重要手段，并提出了五种工具性自由，包括政治自由、经济条件、社会机会等。

对于老年人而言，能力贫困不仅表现在收入方面，还包括教育、信息获取等能力的不足。这些因素影响了老年人在社会中的参与度和生活质量。

[①] [印度]阿马蒂亚·森.贫困与饥荒[M].王宇，王文玉，译.北京：商务印书馆，2001：6-12.

[②] [印度]阿玛蒂亚·森.以自由看待发展[M].任赜，于真，译.北京：人民教育出版社，2007：5-11.

能力贫困理论强调，在分析老年人数字鸿沟时，除了关注收入，还应重视其能力提升，如教育和数字技能的培训。通过社会支持和政策干预，能提高老年人的数字能力和社会参与度。

信息技术作为当代社会最伟大的科技革命之一，彻底改变了信息的收集、存储、传输和处理方式。信息技术革命使信息成为一种重要的资源，并推动了社会信息化的进程，发展出未来学校、智能医疗服务系统、智能社区和智能家居系统等。虚拟养老院和电子护工等服务也逐渐推广，并通过电子包容行动计划建立包容性强的资讯社会。尽管互联网已成为全球信息化社会中的一部分，但在中国，不同年龄群体对互联网的使用程度存在显著差异。国家统计数据显示，2021年，30—39岁年龄段的成年人使用互联网的比例最高，而60岁及以上的人群使用互联网的比例最低，仅为11.5%。[1]老年人全面融入信息社会是确保他们享受数字红利的重要途径，因此老年群体的数字贫困问题日益受到关注。

信息技术的发展使城市逐渐演变为数字城市，老年群体的数字贫困即为在数字城市中生存能力的贫困。随着人口老龄化加剧，老年人面临熟悉的社会方式转变，容易成为数字社会的"被抛弃"群体，最终陷入数字城市生存的数字贫困。

（七）符号互动理论

符号互动理论起源于詹姆斯的自我理论，他提出人类有能力将自己进行符号化，发展出"物质自我""社会自我"和"精神自我"三种层次的自我感觉和态度。[2]

符号互动理论已被应用于网络互动行为的研究。例如，李阳[3]基于符号

---

[1] 罗丹.公共服务过程中老年群体数字贫困及其治理策略研究[D].南京审计大学，2022：2.

[2] Brewer, M. B., Gardner W. Who is this"we"? Levels of collective identity and self-regulations[J]. Journal of Personality and Social Psychology, 1996, 71（1）：89-93.

[3] 李阳，丛杭青.基于符号互动论的人工智能价值分析方式[J].自然辩证法通讯，2023，45（04）：79-87.

互动论提出了人工智能的"社会符号"与"互动个体"两种形态，以及相关的价值判断体系。王小英①研究了人与短视频的关系，认为短视频的交互是以"刷"为主的符号互动，并强调了视觉和听觉符号的作用。

符号互动理论对数字时代老年人社会互动行为的研究具有重要启示。首先，数字时代的老年人通过数字技术的使用构建自己的"自我呈现"和"自我建构"。其次，数字时代的社会互动是基于技术的符号互动，是自我主体性重塑的过程。因此，该理论对理解老年人在数字环境中的社会互动行为有重要解释作用。

（八）社会支持理论

社会支持理论（Social Support Theory），由20世纪70年代弗兰西斯·卡伦（Francis Cullen）提出，源自社会学理论的框架，可追溯至法国社会学家埃米尔·涂尔干（Émile Durkheim）关于社会团结和社会分工的观点。涂尔干强调社会支持的程度在社会结构和社会秩序中具有重要影响，社会支持理论进一步发展了这一观点，强调人在社会中的互动和依赖关系。在面对压力情境时，个人与他人建立的关心、照顾及亲密互动的关系能够有效帮助其融入社会。②

社会支持理论为理解和解释个体如何从周围环境中学习知识和技能，并将这些学习内容应用于生活和工作提供了一个重要框架。在实践方面，可通过社会工作者教授智能手机使用技巧，使城市社区中的老年人能够通过观察学习使用智能设备，从而缩短老年人与信息社会的距离。

社会支持理论指出，一个人的社会支持网络越广泛复杂，其获得情感支持、物质帮助和服务的机会就越多，从而增强其应对环境挑战的能力。在信息社会中，老年群体往往面临数字贫困问题，这与他们的社会支持网络的复

---

① 王小英，祝东.微文化·交互性·像似符：短视频的符号互动与文本构成[J].福建师范大学学报（哲学社会科学版），2023，（01）：102-110+120.

② [美]罗伯特·费尔德曼.发展心理学[M].苏彦捷，邹丹，等译.北京：世界图书出版公司北京公司，2013：674-675.

杂程度密切相关。为此，需要通过扩大信息技术资源、提供数字技术指导和教学来帮助他们克服数字鸿沟。政府应出台相关政策措施，企业也应开发适合老年人使用的智能产品和软件，从而提升老年人在社会中的价值感和尊严感。

（九）赋权增能理论

20世纪70至80年代，学者们提出了赋权增能理论，以回应组织对员工自主性和参与感的需求。该理论指出，雇员对组织内部事务决策的参与度直接影响其工作效率和整体绩效。

赋权增能理论包含两个核心维度："增权"和"赋能"。学者们[①]指出，不能仅从领导者的视角来看待赋权增能过程，而应关注被赋权者的自我效能感及其自我成长。美国学者所罗门（Solomon）进一步解读赋权增能理论的内涵："赋权增能是一种有效应对特定障碍的方法，它重新定义了受社会污名化团体的身份，使团体成员能够重建自信与自尊。这种转变促使团体成员重新认识自我，进而意识到他们具备自我改变的能力。"[②]

在赋权增能理论框架下，"赋权"的重心在于机会的平等。赋权通常表现为自上而下的过程，而增能则更注重内在和外在两方面的因素。内在增能（internal empowerment）强调弱势群体的内生发展和可行能力的提升，注重个体价值的实现；外在增能（external empowerment）则注重外部环境的影响，推动群体整体发展。

---

① 张盼，吴燕丹，郑程浩.赋权增能理论视角下中国部分残疾人体育参与的困境与破解策略[J].首都体育学院学报，2020, 32（05）：412-416.

② 王英，谭琳.赋权增能：中国老年教育的发展与反思[J].人口学刊，2011,（01）：32-41.

三、研究视角与方法

（一）研究视角

本研究旨在探讨老年人融入数字社会的机制与路径，通过多维视角解析其现状与挑战，并提出相应的改善措施。首先，从社会政策与顶层设计的角度，分析现有社会政策对提升老年人数字能力的支持，研究政策优化的必要性和可行性。其次，通过文化反哺与朋辈互助，研究代际间文化交流和老年群体内部互助在促进老年人掌握数字技能中的作用。

此外，研究将关注社区培训与社会服务，分析社区层面培训队伍建设的现状与挑战，提出多样化培训课程的设计与实施建议，并探讨改进社会服务内容和提升服务友好度的措施。在数字生活与智能产品服务方面，研究老年人智能手机使用、社交媒体平台活动、智能出行产品服务开发和网络消费行为，提出相应的策略和对策建议。

进一步来说，研究将探讨数字公共服务供给与适老化路径，包括大数据背景下智慧化老年公共服务体系的构建与发展、线上线下混合式教育的可行性与未来方向，以及公共图书馆老年读者服务的提升措施。

通过这些多维视角的研究，本研究期望为老年人数字社会融入提供理论支持和实践指导，并为政策制定者和社会服务提供者提供有价值的参考。

（二）研究方法

为了全面探讨老年人融入数字社会的机制与路径，本研究采用了多种研究方法，旨在从理论与实证两个方面获得系统而深入的理解。

（1）通过文献综述，梳理现有的关于老年人数字融入的相关研究，了解研究现状、理论基础及主要发现。

（2）利用案例分析，深入研究不同地区和政策背景下的典型案例，以了解老年人数字融入的具体实践及其成效。

（3）本研究还通过问卷调查，收集老年人在数字社会中的实际体验、需求与困境，获取第一手数据。此外，深度访谈与相关利益主体交流，获取关于老年人数字融入的深入和具体信息，特别是政策制定者、社会服务提供者和老年群体的个人经历与观点。收集到的数据将通过统计分析进行处理，以揭示老年人数字融入的总体趋势、特征和影响因素。

（4）通过实地调研，观察和了解老年人在不同社区和环境下的数字生活情况，获取直接的感性认识。

综合运用上述方法，本研究力求从不同角度和层面深入探讨老年人融入数字社会的机制与路径，为相关政策制定和社会服务提供理论依据和实证支持。

第一章

老年人数字融入概述

第一节 中国的数字化进程

自1946年2月14日世界第一台通用计算机"埃尼阿克（ENIAC）"在美国宾夕法尼亚大学诞生以来，数字科技创新和产业化把人类带进信息时代。2004年，随着Web2.0概念的提出和商业化应用，网络空间真实地映射了在物理和社会空间中人与人、人与物和物与物的关系，进一步使人类步入数字时代。由平台主导的网络空间的发展使数据实现了实时在线和可共享，数据和计算成为经济和社会发展的战略资源和"关键生产要素"。以数据和计算为"关键生产要素"的数字经济，成为经济发展的新形态和经济转型升级的新引擎。[1]

数字经济有两个基本产业部门：核心产业部门和融合产业部门。核心产业部门是指为数字经济发展提供基础设施、核心技术研发和生产的产业部门，主要包括半导体在内的基础硬件以及包括操作系统在内的基础软件和网络基础设施产业领域。而融合产业部门则是数字科技与经济社会融合发展过

---

① 杨智淇.数字经济对外商直接投资的影响机制研究[J].中国商论，2022，（20）：37-39.

程中创造的新兴产业部门，如新媒体和数字内容、新零售和智能制造。基础研究、核心产业部门和融合产业部门之间良性互动从而形成创新循环，是数字经济持续发展的关键。[①]

2019年初至今，对中国数字经济的发展而言，挑战和机遇并存，其中影响中国数字经济发展的重大事件是来自美国的技术封锁和新冠疫情的冲击。美国技术封锁的不断升级正在打破长期形成的数字经济发展的全球创新循环系统，迫使中国数字经济走上构建自主可控生态系统和重塑全球创新循环的道路。而突如其来的新冠疫情则为数字经济的发展创造了一个特殊的应用场景。在应对新冠疫情冲击的过程中，数字经济成为中国经济的稳定器。

在取得快速发展的同时，在应对技术封锁和新冠疫情在全球蔓延的过程中，同样也暴露出中国数字经济发展中存在的瓶颈和问题。例如，中国数字科技在基础硬件与软件领域的短板、数据孤岛、网络安全和数据治理问题。面对美国技术封锁和新冠疫情带来的冲击，自主可控生态系统的构建、全球创新循环系统的重塑、抗击新冠疫情期间的数字科技的广泛应用和新型基础设施建设的推出，都在不断推动中国数字经济进入一个新的发展阶段。

一、信息革命和网络空间发展的国际背景

数字化和机器计算是信息技术革命的基本驱动力。自1946年第一台通用计算机诞生之日起，数字化和机器计算技术的兴起与发展使人类进入信息时代。

网络空间与物理和社会空间的互动与融合使数据和计算不仅成为企业价值创造的关键资产，而且成为一国和地区经济发展的战略资源。数字技术的创新和产业化不再属于单纯的技术问题，而是发展为一个复杂的经济和社会

[①] 刘刚，靳中辉.中国智能经济的全球创新网络及其演化机制[J].河北经贸大学学报，2022，43（1）：33-45.

现象。作为新的技术经济范式和经济形态，数字经济开始涌现，并逐步发展为影响和驱动经济转型升级的新引擎。

1998年，美国商务部发布了《浮现中的数字经济》研究报告，在互联网兴起之初，就对从工业经济向数字经济过渡的发展趋势做出了极富洞察力的预见。随着Web2.0的发展，海量数据的产生催生了"大数据"概念。2008年《自然》杂志大数据专刊的出版和2012年美国政府《大数据研究和发展倡议》的发布，使得大数据在科学研究和经济发展中的作用引起世界各国的广泛关注。

数字化的基础是二进制数字逻辑的技术进步。二进制可以使物理和社会空间的一切都变成数字化表达，为虚拟或网络空间的搭建创造了条件。如果说计算机和互联网技术是数字化一般工具的话，那么包括交互式互联网（Web2.0）、物联网、大数据、云计算、边缘计算、区块链和人工智能在内的新一代信息技术则逐步在数字化过程中把数据与计算转化为资产及生产要素，成为实现价值创造活动的关键资产和驱动经济发展的"关键生产要素"。其中，数据和计算的要素化和资产化过程不仅涉及技术变革，而且涉及组织和制度变革。

新一代互联网、物联网、大数据、云计算、区块链和人工智能构成了新一代信息技术（new IT）的核心元素。借助二进制计算机系统对物理空间和社会空间的数字化，新一代互联网（Web2.0）和物联网的发展产生了海量数据。互联网平台的发展进一步实现了数据和计算的实时在线与共享。作为一个分布式数据库，区块链技术保证了数据的真实性和可追溯性。云计算则有效地满足了数字化过程中数据的存储和计算需求。大数据分析和人工智能技术对存储的海量数据进行挖掘、整理和分析，发现有价值的信息和知识，实现了生产和服务的智能化。尽管新一代互联网、物联网、云计算和人工智能等技术创新为数字经济发展奠定了基础，但是数据和计算要真正成为驱动经济发展的"关键生产要素"，还需要技术体系和经济社会系统的转变。

信息物理系统（CPS）和数字孪生（DT）为信息技术向经济社会系统转变提供了桥梁和框架。在新一代信息技术的萌芽阶段，信息物理系统和数字孪生概念就被提出。CPS概念的提出起源于嵌入式系统的广泛应用。2006年，美国国家科学基金会（NSF）的海伦·吉尔用"信息物理系统"概念描述传统IT术语无法清楚界定的物理和网络空间相互融合的复杂系统。①数字孪生概念同样可以追溯到2003年。迈克尔·格里夫在密歇根大学就产品生命周期管理发表演讲时提出了"物理产品的虚拟数字化表达",即数字孪生概念。信息物理系统和数字孪生概念的提出,表达了人类通过搭建一个能够映射物理世界的网络空间,利用数字化技术在网络空间构筑对应的虚拟数字世界的愿景。通过在物理空间、社会空间和网络空间反馈机制的建立,实现对物理和社会空间的模拟和仿真、控制和优化。

信息物理系统和数字孪生概念源于制造业,随着数字和人工智能与实体经济融合发展进程的加速,智慧城市、智慧医疗和智慧农业等正在成为新的应用场景。

二、作为战略资源和关键资产的数据的诞生

随着信息物理系统和数字孪生从概念到技术集成架构演化再到实践应用,物理空间、社会空间和网络空间的相互交融,推动着数据和计算的资源化、要素化与资产化。数据和计算成为经济与社会发展的战略资源及关键资产,是数字经济涌现的标志。

在大数据时代,数据取代数字成为讨论问题的焦点。作为物理空间和社会空间存在物的映射,数据存在于网络空间。数据是指网络空间的所有存在物。网络空间不仅指计算机网络和物联网,而且包括广电网络、通信网络和卫星网络在内的所有人造网络和设备构成的虚拟空间。网络空间不仅是真实存在的,而且随着物与物、物与人和人与人相互连接进程的加速,无论是数据的维度,还是数据的规模,都是不断扩张的。作为网络空间对物理和社会空间存在物的映射,网络空间的存在物包括所有以二进制形式储存的文本、

---

① 陶飞,戚庆林,王力翚,等.数字孪生与信息物理系统:比较与联系[J]. Engineering, 2019, 5（04）: 132-149.

声音、记录、图像、照片和视频等不同类型的数据。

数据的物理、存在、信息和价值属性决定了数据不仅是稀缺的战略资源，而且是企业从事经营和财富创造的关键资产。数据的价值属性集中表现在两个方面：（1）经过挖掘、整理、分析和处理，数据转化为信息，为提高决策和资源配置效率提供决策前提；（2）经过分析和处理，数据转化为知识，尤其是在大数据时代，隐藏在海量数据中的知识，为新知识的重组和创造提供了条件。

与空气和水不同，数据不是自然资源，而是人类劳动创造的资源，是技术创新的产物。作为对物理和社会空间存在物的映射，无论是数据的产生和存储，还是数据的分析和利用，都是物质资本和人力资本投入的结果。同时，作为稀缺资源，数据完全符合经济学对资产的定义。同时，与一般意义的资产不同，数据资产是人类经济和社会活动的产物。在利用数据资产创造社会财富的过程中，数据资产不仅不会减少，而且会持续增加。因而，数据资产具有明显的共享和报酬递增特征。

尽管数据具有战略资源和资产属性，但是把数据真正转化为价值创造的过程需要信息技术的持续创新和进步。

三、从消费互联网到产业互联网

从数字经济发展的实践看，在以数据和计算作为"关键生产要素"进行价值创造的过程中，先后经历了消费互联网和产业互联网两个发展阶段。因为技术进步的限制，受数据维度、挖掘和分析深度的影响，在两个发展阶段出现了不同的商业模式，影响和决定着数字技术与经济社会融合发展的进程。

数字经济发展的第一阶段以消费互联网为应用场景。随着Web2.0技术的发展和应用，以及交易、社交、媒体和众包平台的兴起，实现了数据的实时在线和可共享。海量数据的产生为数据挖掘和分析创造了条件。在消费互联网阶段，网络空间与物理和社会空间的互动，表现为作为生产者和消费者中介的互联网平台的兴起与功能的发挥。作为战略资源和关键资产，数据首先被应用于生产者和消费者的精准匹配。

平台的海量数据沉淀为实现生产者和消费者之间精准匹配创造了条件。在追求快速和低成本精准匹配过程中，催生了包括大数据、云计算和人工智能在内的数字和人工智能科技产业的发展。与新一代信息技术创新和发展相伴的是，包括阿里巴巴、腾讯、百度、猪八戒网和今日头条在内的消费互联网平台经济和平台主导的创新生态系统获得高速发展。

以精准匹配为主导的消费互联网商业模式在推动数字经济发展的同时，逐渐暴露出固有的局限性。交易、服务领域的低维度数据使网络空间仅与物理和社会空间发生相互作用，难以实现深度融合，而物理和社会空间与网络空间的深度融合需要基于信息物理系统和数字孪生实施框架，包括物联网、5G、区块链、云计算和边缘计算在内的数字和人工智能技术的进一步发展。

从实践发展前沿看，目前数字经济的发展正处于第二阶段，即产业互联网的启动阶段。在这一阶段，在数字和人工智能技术进步的推动下，网络空间与物理和社会空间开始出现融合趋势。推动这一趋势发展的来自两股力量：（1）消费互联网向产业互联网的延伸；（2）基于信息物理系统和数字孪生技术架构指引下的产业互联网发展。其中，代表性产业是智能安全防范系统（简称"安防系统"）和淘宝特价版带动的产业数字化发展。依赖分布广泛的安全监察网络（简称"安监网络"），通过包括高清摄像头、视频数据结构化、云计算和边缘计算结合在内的技术创新，智能安防产业实现了网络空间与物理和社会空间的初步融合，为智能安防和智慧城市建设创造了条件。淘宝特价版是阿里巴巴在2020年3月26日推出的产品销售平台。与传统的淘宝不同，淘宝特价版上线的全部是实际生产厂家，通过C2M模式进行产品在线销售。在某种程度上，C2M模式销售的产品不是一般意义的"上网"，而是试图通过线上和线下的数字化协同，实现产品的个性化定制。近年来，数据中台概念的提出成为推动第二阶段数字经济发展的重要支撑。

受现有技术的限制，包括智能制造和智慧医疗在内的智能科技产业的发展尚处于探索阶段。智能制造是一个包括产品设计、生产制造、物流仓储和维护服务在内的复杂系统，不仅包含多个环节，而且需要内部和外部多元主体的参与。从数字孪生的层次结构看，智能制造包括单元级、系统级和复杂系统三个层级的系统。其中，单元级是参与制造活动的最小单位，如单一设备、物料，甚至是环境因素。在单元级的基础上，通过工业互联网，多个单元级数字孪生体的相互连接，构成系统级数字孪生系统。在系统级的基础上，通过构建智能服务平台，实现系统级之间的跨系统互联和协同，形成复杂系统级的数字孪生体。

随着包括5G技术在内的数字和人工智能技术的发展，基于数字孪生框架的技术集成和协同，通过复杂系统级数字孪生体的构建，逐步实现数字和人工智能技术与经济社会的深度融合，数字经济发展将步入第三阶段，通过网络空间的模拟仿真，实现经济社会活动的优化和社会生产力的极大提升。

四、与数字科技革命相适应的组织和制度创新

作为新技术经济范式，数字经济发展不仅包括技术，而且包括组织和制度变革。在数字经济发展的消费互联网阶段，组织创新集中表现为平台的兴起和"平台+中小企业+开发者+应用场景"新型组织形态的发展。在新型组织形态中，平台在基础和技术层面上实现数字和人工智能核心技术的创新和积累，为中小企业和开发者提供数据、技术、云计算和资金支持，中小企业和开发者充分利用平台提供的各种支持，以需求为应用场景，加速数字和人工智能技术在具体场景中的应用，推动数字和人工智能技术与经济社会融合发展。平台主导的创新生态系统成为数字和人工智能技术产业化的基本组织形态。

随着从消费互联网阶段向产业互联网阶段的转变，数字经济的组织形态正在发生变化。其中，与融合产业发展相关的数据生态和专用性技术体系是数字经济组织形态变化的重要决定因素。例如，在智能安防产业的发展中，围绕着数据生态优势的构建和专用性技术体系的形成，与市场需求靠近的技术方案集成商发挥着重要作用。从数字孪生架构在智能制造业的应用来看，未来的组织形态是分层级的，并与单元级、系统级和复杂系统级的数字孪生体的演进相适应，组织形态将表现出更加复杂的演化趋势。

在组织形态变革的同时，制度变革是数字经济发展的重要保障。在数字经济发展中，目前遇到的与制度变革相关的问题主要集中在数据产权、数据要素市场和数据治理问题。数据产权清晰是数据资产的前提。在此基础上，建立运行良好的数据要素市场和数据治理体系，才能保证数字经济的健康发展。

第二节　人口老龄化现状及发展趋势

一、人口老龄化现状

中国人口老龄化与少子化趋势正在显著加剧，成为影响国家经济社会中长期发展的关键问题。根据2023年初国家统计局发布的最新人口数据，截至2022年底，全国60岁及以上的老年人口达到了2.8亿，占全国人口的19.8%。[1]与2021年相比，2022年老年人口增加了1268万，增长率为0.9%。这一趋势表明，中国已进入老龄化社会，并且老年人口将在未来十余年内持续增加。

与此同时，互联网和移动通信技术的飞速发展，使得全球逐渐形成一个数字化的互联网平台。人们的生活和交往日益数字化、网络化，数字技术渗透到生产生活的各个方面。2024年3月22日，在京发布的第53次《中国互联网络发展状况统计报告》报告显示，截至2023年12月，我国网民规模达10.92亿人，较2022年12月新增网民2480万人，互联网普及率达77.5%。[2]我国对老年人、残疾人乐享数字生活的保障力度显著增强。2577家老年人、残疾

---

[1] 文丽娟.完善法律制度保障"银发族"再就业权益[N].法治日报，2023-03-10（007）.

[2] 金歆.互联网激发经济社会向"新"力[N].人民日报，2024-03-23（005）.

人常用网站和App完成适老化及无障碍改造，超过1.4亿台智能手机、智能电视完成适老化升级改造。[①]

中国的总和生育率（TFR）自20世纪70年代初的5.81显著下降至2020年的1.3。一般认为，当总和生育率降至1.5以下时，社会可能陷入"低生育率陷阱"，且在较长时期内难以回升到世代更替水平。尽管近年来政府已采取措施应对这一挑战，包括在2013年和2015年分别放开单独和非独家庭生育二孩的政策，并在2021年全面放开三孩政策，但这些措施的效果有限，中国低生育率的趋势依然持续。根据国家统计局公布的数据，2022年中国人口出生率为6.77‰，低于死亡率7.37‰，自然增长率为−0.60‰，总人口减少了85万人，这是自1962年以来首次出现人口负增长。[②]

总之，中国正面临严峻的人口形势，包括人口老龄化和少子化趋势，这对国家的经济、社会政策提出了新的挑战。尽管政府采取了一系列措施，包括放宽生育政策，但效果有限，2022年人口出生率低于死亡率，出现人口负增长。面对这些挑战，中国需要在经济社会政策上进行顶层设计，积极应对人口问题。

二、未来趋势：智慧老龄社会的技术应用

当前，科技创新与应用在快速变革经济发展方式等方面的同时，也在加速重构社会生活形态。智慧社会的发展已揭开序幕，并快速发展。面向老龄社会发展的各种技术开发和应用不断加快，为积极应对人口老龄化挑战、提升老龄社会治理能力和治理水平、增进社会福祉提供了新的可能。这一趋势主要呈现四大特点。

---

① 我国网民规模达10.92亿人[EB/OL].中国政府网（www.gov.cn）.
② 汪伟.中国人口老龄化发展趋势与应对[J].团结，2023（03）：34-37.

（一）前瞻性引领

智慧老龄社会是在前沿科技创新引领下的"超智能社会"，强调要通过云计算、大数据、人工智能、物联网等技术，解决老龄社会医疗健康、劳动力供给、养老服务等经济社会运行难题。基于新一代信息技术的单点突破和在具体领域的集成应用，数字技术正在加快赋能智慧城市和智慧社会建设。例如，工业机器人、服务机器人等智能技术、智能设备的应用，正有效缓解少子化、老龄化带来的劳动力下降、人力资源成本上涨的压力，为提升社会生产、运行效率带来新的可能；诸如情感陪伴机器人、养老服务机器人、远程医疗系统等技术和产品的应用，则可为独居老人、居住在偏远地区的老人带来福祉。

（二）融合性应用

在新一代信息技术的前瞻性引领下，智慧老龄社会将向物理世界与网络世界并行、现实社会与虚拟社会交叉融合的未来社会发展。2021年，"元宇宙"概念引发社会各界关注和热议，作为联通物理世界和数字世界、融合虚拟与现实的下一代互联网发展概念，元宇宙或将重塑数字经济体系，重构人类生产生活方式。随着中老年群体互联网接入水平的提升，其生活、学习、娱乐、购物等都可以线上完成，元宇宙与老龄产业的融合或将成为具有划时代意义的历史进程。例如，来自美国退休人员协会的一项调查数据显示，美国50岁及以上中老年视频游戏玩家数量从2016年的4000万左右猛增至2019年的5100万左右，这意味着，短短的三年时间内，有超过1000万名50岁及以上的美国中老年人成为视频游戏玩家。仅2019年上半年，美国50岁及以上游戏玩家在视频游戏和配件上花费了35亿美元，远高于2016年同期的5.23亿美元。从中可看到，中老年群体正在成为概念游戏的消费主力军，元宇宙也隐含着老龄市场的大未来。

（三）精准性供给

在社会"微粒化"的趋势下，智慧老龄社会通过构建数字化体系，不仅可以针对具体需求提供精准化、个性化服务，还将越来越具备有效预测潜在需求、高效实现服务供给的能力，可以让所有人都能从智慧社会中获益。例如，随着大数据、人工智能等新一代信息技术与医疗、康复、护理服务的深度融合，通过对老年人生活环境进行实时感知以及对相关数据进行收集、处理和系统分析，已经诞生了诸如老年人防跌倒、防走失等智能应用；随着疾病、健康等数据的进一步融合共享、深度挖掘，对老年人健康预测预警、精准化提供健康管理与照护服务正逐步成为现实。

（四）系统性影响

数字技术应用泛在化，是对社会运行的基础设施和基本环境的变革与重构，必然带来社会运行方式、规则、制度、伦理等全方位、系统性的变革。作为社会运行的主体，每个个体都必须面对一个新的、数字化的社会，但在科技的创新与应用快速跃进之下，我们必须清楚科技本身是中性的，如何合理地应用科技则包含着社会价值观、社会伦理的考量。面向智慧老龄社会，新技术特别是数字技术的研发和应用，应有助于提升包括老年人等弱势群体在内的全人群福利，而不能产生新鸿沟、带来新贫困、扩大不平等。本质上，我们必须思考在数字时代、老龄时代，人与技术、社会与技术、老年人与老龄社会、老年人与智慧老龄社会之间的关系。

第三节　建设数字包容的智慧老龄社会

一、老龄社会的内涵与特征

（一）老龄社会的内涵

所谓"老龄社会"，是指这样一种社会形态：因人口老龄化导致人类社会构成变化，进而使社会结构、社会特征和社会关系发生整体性、持久性变化，从而形成的新社会主体构成和新社会架构。

老龄社会的本质是新社会主体构成和新社会架构之间的稳定关系。社会主体（人）和社会架构共同构成了"社会"这一整体。一般而言，社会主体的年龄结构和相应的社会架构之间是一种比较稳定的耦合关系，都是属于社会变迁的慢变量，但当人口年龄结构率先发生变化甚至是较快变化的时候，社会架构的变化就会显现出滞后性。因此，"人口老龄化"的概念只展现了社会人口结构变化的特征，而"老龄社会"的概念则更全面地关注到适应于人口老龄化的社会架构变化，即人口结构的变化会带来社会架构的不适应，而一旦社会架构通过变革适应了新的人口结构，人类将进入新的社会形态。

老龄社会转型的直接动力和重要象征是人口老龄化。所谓"人口老龄化"，是指老年人口在总人口中所占比例不断上升的动态发展趋势，是由低生育率、低死亡率等人口转变内生动力决定的规律性动态结果和客观事实。人口规律的作用推动人口年龄结构老化，进而推动社会结构、社会特征和社会关系的变化，从而演化出老龄社会形态。

老龄社会转型的根本动力是社会生产力的发展。人类历史上主要有原始型、传统型和现代型三种人口再生产类型，呈现出由生产力革命驱动的由低级向高级的发展过程。不同的人口再生产类型分别与不同的生产力发展水平相适应。随着生产力水平的持续提升，以工业化、城镇化、信息化为核心的现代化推动人们生育观念、生活方式和家庭婚姻模式的转变，推动人们从传统的多生多育到现代的少生少育、优生优育；同时，现代化进程中，随着生活水平及科学技术特别是医疗科技的提高，人类平均预期寿命大大提高，死亡率大幅降低。可见，人口老龄化表面上是人类生育和死亡行为的综合结果，但在根本上是社会生产力发展和现代化的必然结果。老龄社会的形成和发展也伴随着现代化进程中的工业化、城镇化、信息化等社会发展进程。

理想的老龄社会需要理念和目标驱动。一个社会的发展离不开理念和目标，否则就会缺乏共识、失去方向。理想的老龄社会应该是什么样的？从老年人个体或群体发展层面看，理想的老龄社会应该是老年人老有所养、老有所乐、老有所学，老年人具有较高的社会地位，老少代际和谐共融，老年人全面发展、生命潜力得到充分发挥，从而使老年人能够共享经济社会发展的成果。从整个社会经济发展层面来看，理想的老龄社会应该是能够积极看待老龄社会、老年人及老年生活，社会养老服务体系健全，老年人力资源得到有效挖掘和应用，老龄产业、老龄科技充分发展，人口老龄化进程与经济社会协调、可持续发展。[①]

（二）老龄社会的理想架构与运行特征

诚如我们对老龄社会定义的分析，虽然我们将老年人口比重达到一定的比例作为进入老龄社会的主要依据，但从各国人口老龄化的进程来看，其所带来的社会架构与社会运行的变化却远远超出人口结构的范围，在社会架构和社会运行的诸多方面逐步显现出明显的转型特征，并对整个社会现代化进程产生了深刻影响。现实中，老龄社会发展得不一定十分全面，但理想的社会架构包含以下方面。

1.经济结构与运行方式

在老龄社会条件下，由于人口构成的变化，劳动年龄人口比重下降，从

---

① 张兴文，李杨，吴思远，等.浙江省人口短中期发展趋势预测分析：基于队列要素模型和比外推法[J].统计科学与实践，2022（08）：25-29.

而带来劳动力结构和经济需求结构等的变化。

从生产方式来看，呈现创新驱动型特征。面对老龄社会带来的劳动力数量减少、社会抚养负担加重等挑战，最根本的是提高全社会劳动生产率，从而增加单位时间内的社会总产出。围绕科技创新应用、产业结构优化升级、人力资本投资、体制机制改革等方面，推动生产方式逐步过渡到以人力资本为核心依托的知识型和创新型的经济生产方式，成为大势所趋。

从需求结构来看，呈现消费引领型特征。根据生命周期理论，人的生命阶段不同，消费和储蓄的关系也不同。在老年阶段，消费要大于储蓄，是消费主导型的人生阶段，尤其当老年人的消费意愿和消费能力逐步提升时，老龄社会的消费型特征将更为显著。据预测，至2030年我国老年人口消费总量为12万亿～15.5万亿元，占全国国内生产总值的比重将达8.3%～10.8%;2050年的消费总量为40万亿～69万亿元，占国内生产总值比重提高至12.2%～20.7%。[①]

2.社会结构与运行方式

人口年龄结构的变化，一方面是不同人群代际关系的重大变迁，另一方面也意味着人口构成和人类社会结构的转变。随着老龄社会的到来，教育、养老、医疗卫生、公共基础设施等社会事业会在资源配置等方面发生结构性变化，代际关系、利益格局等社会宏观结构也会发生调整。

从主体行动来看，呈现老年人参与型特征。在老龄社会中，老年人口成为主要的社会群体之一，老年人在生产、消费、政治、文化等各个领域的社会参与将更为广泛，教育、医疗卫生、公共基础设施等社会事业将不断适应老年人的需要，老年人的社会角色将由相对单一的被赡养人群逐步向社会主流人群转变。

从养老方式来看，呈现社会养老型特征。由于核心家庭的增多，传统家庭养老功能加快向社会转移。老龄社会条件下，必须构建起以社会养老为主体的新型养老体系，以承接核心家庭所无法完全承担的养老功能。社会养老

---

① 王祖敏.中国老年人口消费潜力将不断上升，至2050年或达40万亿至69万亿元[EB/OL]．（2022-03-01）[2022-03-22].https://baijiahao.baidu.com/s? id=1726093784149088432&wfr=spider&for-pc.

方式的选择又与代际关系有直接关系，因其在本质上意味着代际资源和利益关系的转变。

从治理方式来看，呈现整体治理型特征。随着人口老龄化程度的加深，老龄社会的治理将从单一的养老问题向老年人的经济保障、健康促进、养老服务、精神文化生活等各方面拓展，治理方式也将从单一的政府主导向多元主体共同参与、从各部门专项治理向统筹政府部门的整体性治理转变。

二、中国老龄社会转型治理的问题挑战

长期以来，我国人口老龄化研究的重心在人口结构变迁和社会养老服务体系等领域，对人口老龄化带来的社会结构影响关注不多。进入老龄社会，如何推动社会结构变革，加快适应全球规模最大、速度最快、时间最短的人口结构老龄化进程，是我国老龄社会治理的核心问题，也是国家治理体系和治理能力现代化过程中必须应对的重大战略问题。老龄社会转型治理，即中央和地方在积极应对人口老龄化的过程中，要逐步建立适应老龄社会发展的社会架构，以适应国家治理体系和治理能力现代化的需要。当前，我国老龄社会转型治理主要面临以下四方面的挑战。

（一）治理对象认识不清

我国老龄社会治理过程中，对治理对象的认识不足表现在：一是把老龄问题窄化为老年人问题。老龄问题是涉及人口、经济、社会、文化、政治等社会方方面面的复合性、系统性问题；老年人问题则主要是公民老年期的生活需求和发展需求问题。长期以来，社会治理对人口老龄化的回应局限在老年人的养老服务、社会保障等层面，对老龄问题的研究、认识和回应不足。不能将关乎所有人（特别是年轻人）的老龄社会降维成仅关乎老年人的"老

年人社会"，更不能进一步降维成"老年人的养老"问题。①二是对老龄社会问题认识不足。首先，全社会对人口老龄化和老龄社会的"悲观论""危机论"广泛存在。人们往往想当然地认为老龄社会可能会丧失活力、加重"负担"，但老龄社会是社会生产力发展到一定阶段的产物，是人类社会发展的必然结果。我们需要将社会架构调整到与老龄化的人口结构相适应的状态，才能实现老龄社会的良性运转。其次，政策实践和社会认识层面忽视人口老龄化的规律性。人们往往将人口年龄结构先行转变所产生的与社会架构的冲突，归咎到人口老龄化本身，这正是源于对老龄社会问题的认识不足。②

（二）治理理念更新滞后

理念决定思路和出路。人是经济社会发展的主体，人口老龄化的到来意味着社会主体结构的革命性变化。如何对待老年人，能在整体上折射出社会的主流价值观念。没有正确的、科学的老年观，社会发展将失去方向。

科学的老龄观念可以从以下四个要旨来把握：一是每个人都将成为老年人。根据人的生命周期规律，人到了一定年龄就将进入老年期。二是老年人是异质性群体。我们必须改变对老年人的刻板印象，老年人群是一个年龄跨度几十年的庞大群体，是一个充满异质性的人群。他们中间确实有一部分人因各种原因而失去了生活自理能力，但随着生活水平的提高、受教育水平的提升、健康状况的改善，他们当中很多人可能不需要他人照护。同时，老年人对家庭、社会的贡献，可能被大大低估甚至忽视。三是老年人既是社会财富和价值的创造者，也是社会财富和价值的共享者。四是老年人自身也应树立正确的老龄观，老年期依然可以大有可为，应保持独立自强的生命意识，保持终身学习的生命状态，以有意义的晚年生活作为自己的精神归宿，作为自己的人生追求。

---

① 戈晶晶，梁春晓.以数字化推动老龄化社会转型[J].中国信息界，2021（03）：26-29.

② 原新，金牛.中国老龄社会：形态演变、问题特征与治理建构[J].中国特色社会主义研究，2020（Z1）：81-87.

（三）治理基础起点较低

由于成年型社会向老龄社会快速转型，我国社会养老服务体系、社会保障体系可谓在起步阶段，就直接面对着老龄社会的巨大需求。作为快速老龄化的发展中国家，我国正式进入老龄化国家行列的2000年，全国人均国内生产总值仅为856美元，个体层面应对老龄社会问题的经济能力相对薄弱，国家综合实力也难以积极应对老龄社会问题。而发达国家刚进入老龄社会时，社会架构的经济层面与老龄社会基本契合，"积极应对"老龄社会问题的经济储备较为从容。从世界主要发达国家人口老龄化进程来看，65岁及以上老年人口达到7%时，人均国内生产总值基本为5000～10000美元。[①]

我国健康卫生事业取得长足发展，但全社会人均预期寿命的增加并不一定能带来人均健康寿命的增加。世界卫生组织（WHO）的一项统计监测显示，2018年中国人均预期寿命为77岁，而平均健康预期寿命仅为68.7岁，说明我国老年人带病生存期长达8年以上。此外，我国75%以上的老年人至少患有一种慢性病，超过4000万的老年人处于失能和半失能状态，老年人的健康状况不容乐观。

（四）治理方式创新不足

随着老龄社会的到来，我国社会治理的情境正加快变化，老年人口养老、教育、社会参与等多层次需求不断增大，老龄经济发展潜力有待发掘，脱胎于工业社会的社会保障制度有待变革，数字化带来的公共服务提供方式、社会经济运行方式等全方位变革进一步影响了老年人的生存状态，如何创新治理方式将直接关系到老龄社会治理能力的提升和目标的达成。面对一系列老龄社会治理情境，我国老龄社会治理方式的系统性、前瞻性、精细度还有待提升。

[①] 原新，金牛.中国老龄社会：形态演变、问题特征与治理建构[J].中国特色社会主义研究，2020（Z1）：81-87.

三、中国老龄社会治理的战略与行动方向

"积极老龄化"发展理念是应对人口老龄化的重要指导思想,强调以人民为中心的发展,其核心目标是通过创造健康、参与和保障条件,提高老年人的生活质量。具体要求包括积极看待老龄社会、老年人和老年生活,倡导"老有所养、老有所为、老有所乐"的理念。在个体层面,这有助于提高老年人的生活水平和生命质量;在社会层面,有助于促进经济发展和社会和谐。

中国已将积极应对人口老龄化提升为国家战略,这是中共中央和国务院根据人口发展趋势和老龄化规律作出的重要决策。2006年,"十一五"规划纲要首次以国家文件形式提出这一工作部署,2019年中共中央和国务院印发了《国家积极应对人口老龄化中长期规划》,标志着这一战略的综合性和指导性。2020年,"十四五"规划和2035年远景目标建议进一步将其确立为国家战略。该战略的核心目标是实现积极老龄化和人口长期均衡发展,并为高质量经济发展创造有利的人口条件。

在应对策略上,中国正逐步实现从被动应对向主动应对的转变,加强对老龄化形势的监测和前瞻性研判;从单一应对转向综合应对,将人力资本投资、社会参与、社会治理创新等纳入整体考量;从仅关注老年群体转向关注全体公民,制定涵盖生命周期各阶段的政策,以确保所有人在进入老年期后享有健康和有尊严的生活。

治理老龄社会的关键在于正确认识老龄问题的内涵,注重思想观念的转变,科技创新的发展,以及政策制度的完善。全社会需认识到老龄社会是现代化发展的必然结果,是人口年龄结构变迁与社会架构之间的矛盾。在治理过程中,科技创新被视为核心动力,通过提高劳动生产率来应对劳动力短缺和养老服务需求。此外,政策制度的完善,包括制定积极的人口和退休政策,开发老年人力资源,营造敬老孝老的社会环境,也是关键路径。

老龄事业和产业的发展是老龄社会治理的重要支撑。中国应积极发展养老服务业,建立综合养老服务体系,并培育老龄产业的新增长点,以提升治理的质量和效率。

四、老年人数字化生存状态异质分化

（一）老年群体的异质性

老年群体的异质性是老龄社会研究的重要议题之一。老年人并非一个同质的群体，而是一个动态的、不断更新的群体，这一群体的变化伴随着不同年代人口的进入和退出。低龄老年人逐渐加入，而高龄老年人逐渐退出，使老年人口的规模、年龄结构、性别结构等发生显著变化。这些变化不仅体现在人口学特征上，还包括健康水平、受教育程度、经济条件、养老观念、社会参与需求等多个方面，对老龄社会的发展产生深远影响。因此，深入了解和预见老年群体的新特征和新需求，对于推进智慧老龄社会建设至关重要。

当前，我国老年人口主要由"40后"和"50后"构成，但随着"60后"甚至"70后"的逐步进入，老年群体将展示出全新的特征，这将对社会的各个方面带来深刻影响。

首先，来自子女和家庭的社会支持相对减弱。家庭和子女的支持在提升老年人生活质量和状态方面起着关键作用，然而，随着社会结构的变迁，尤其是计划生育政策的实施，"60后"一代的老年人中，有接近一半的人只有一个子女。同时，未婚和离婚比例相比"40后""50后"略有增加，使这代老年人可能面临相对较弱的家庭支持。这种情况将影响他们的养老需求类型、社会支持的获取以及在数字化社会中的融入能力。

其次，整体素质和经济条件相对较好。"60后"一代成长于国家社会经济相对稳定和上升的时期，他们的身心健康素质普遍较好，受教育程度较高，家庭收入水平也相对较高。这一代老年人具备较好的经济和文化基础，使得他们在面对老龄化问题时，能够更好地应对和适应。例如，他们可能有更多的财力支持自身健康管理、参加社会活动以及适应新的生活方式。

最后，互联网接入水平和使用频率较高。能否使用互联网是评估老年人社会适应能力和接受新事物能力的重要指标。对于"60后"这一代人来说，互联网的普及程度较高，他们中的许多人在退休前已经接触并熟悉互联网。这不仅影响了他们的社会参与方式，还决定了他们的养老选择。智慧养老是未来的发展趋势，老年人使用互联网的能力将极大地丰富他们的老年生活内容，提高生活便利程度。

（二）老年人数字生存状态的分化

虽然老年网民比例相对年轻网民来说仍然较低，但老年人口"用网"的数量在快速攀升，不论是主动还是被动，客观而言，数字融入的水平都在提升。

但同时，我们必须警惕以群体代表个体的简单化认知。数字技术的扩散和应用并非匀质的和整齐划一的，"接入"互联网这一行为的背后隐含着个体、社会、经济和技术的诸多影响因素。进一步把关注点放到老年群体内部，可以发现老年人群的内部正在分化，并区分为不同"数字阶层"。

老年人群内部的"数字阶层"分化将是智慧老龄社会发展的重要趋势。不同的社会群体在数字空间的不平等与现实社会中的不平等密切相关，现有社会群体的差异会延伸和再现于数字空间中。

一方面，一批中老年"网红""数字精英"活跃于互联网，他们无疑是同龄人中能够积极与社会环境变化保持互动的一批人，具备与中青年网民无差异的数字化意识，能够无障碍地接入和使用移动互联网，自如地获取、利用、创造信息内容，并有较高的数字化信息素质与数字化凝聚力。另一方面，老年人中的"数字底层"仍然是数字社会里沉默的大多数，普通人习以为常的行为，对于他们却附着了巨大的经济和认知成本。

五、构建老年人数字包容的基本框架

从发现数字鸿沟问题开始，数字包容的理念就为人所提及并积极实践，经过二十多年的发展，这一理念正逐步融入发展和治理的过程。

（一）数字包容的理念

在全球范围内，数字包容理念已经成为各国应对数字鸿沟的重要政策工具。许多国家在制定数字化政策时，将数字包容作为核心议题之一，数字包容旨在通过多种手段提升数字技术的普及率和使用效能。例如，一些国家通过公共项目提供低价或免费互联网接入，一些国家则通过教育项目提升公众的数字素养。

（二）建设数字包容的智慧老龄社会的重要意义

建设数字包容的智慧老龄社会具有重要意义，既是我国国家战略与国际社会共同价值理念的共同要求，也是积极应对人口老龄化国家战略的重要举措，落实共同富裕发展目标的具体要求，同时体现了未来养老趋势与中国传统敬老文化的融合。

当前，弥合代际数字鸿沟、促进老年人数字包容、提升老年人生活质量，已成为数字化时代的重要议题。国际社会普遍认为应当促使科学技术与老龄社会协调发展，使老年人能够获取数字技术并有意义地参与数字世界，共享科技创新成果。1982年老龄问题世界大会发布的《维也纳老龄问题国际行动计划》、1991年联合国大会通过的《联合国老年人原则》，以及2002年第二次老龄问题世界大会发布的《马德里老龄问题国际行动计划》等一系列文件均强调了信息社会的包容性，倡导以人为本、普遍平等、年龄友好的基本价值理念。在现代数字化进程中，这些理念被赋予了数字公平、数字包容的新内涵。

为应对人口老龄化加速的严峻挑战，中国响应世界卫生组织"积极老龄化"的倡议，从国家战略高度提出了"数字中国""网络强国"等政策，以满足未来亿万老年人对美好生活的新期待。通过这些政策措施，中国致力于推动科技创新在老龄化问题上的应用，提升老年人的生活质量，促进社会各界对老年人的关爱与支持。在构建智慧老龄社会的过程中，需要特别关注老年人在技术应用与数字化能力之间的协调发展，努力消除老年人面临的数字鸿沟。

我国在实施"积极应对人口老龄化国家战略"中，将应对人口老龄化作为重要战略任务，并通过《国家积极应对人口老龄化中长期规划》等政策文件，强调"强化应对人口老龄化的科技创新能力"，并提出"把技术创新作为积极应对人口老龄化的第一动力和战略支撑"。建设数字包容的智慧老龄社会将科技赋能老年人，不仅能够增进老龄人口的健康和福祉，还能全面提升国民经济的智能化水平，实现老龄社会的共建共治共享。

此外，建设数字包容的智慧老龄社会也是实现共同富裕发展目标的具体体现。共同富裕是社会主义的本质要求，其核心是全体人民共创日益发达的生产力水平，共享幸福美好的生活。在数字经济时代，推进共同富裕离不开数字经济的发展，而老年人作为数字时代的弱势群体，常因缺乏现代科技的适应力而面临数字鸿沟。智慧老龄社会的构建旨在通过多种跨场景的体制机制改革，缩小数字鸿沟，让不同群体更好地共享数字福利。

在中国传统文化中，尊老、敬老、爱老一直是重要的社会价值观。智慧养老作为未来全球养老的重要趋势，要求在构建智慧老龄社会时尊重老年人，保障他们的合法权益，帮助他们融入智慧社会。在这一过程中，不仅要加强智能设备和服务的适老化建设，消除老年人面对的数字鸿沟，还要尊重老年人的自主选择权，重视他们的实际需求，保留传统"关怀老年人"的方式与渠道，提升老年人的生活幸福感。智慧老龄社会能够较好地融合未来养老趋势与中国传统敬老文化，为老年人提供全面、尊重和人性化的服务和支持。

（三）老年人数字包容的基本框架

在智慧老龄社会的背景下，数字包容的概念变得尤为重要。老年人群体通常面临数字鸿沟的挑战，包括缺乏技术设备、技术知识不足和数字技能缺乏等。在数字化与老龄化趋势下，建设数字包容的智慧老龄社会是实现社会公平和提升老年人生活质量的关键。这一基本框架涵盖多个方面，从技术基础设施到社会支持体系，都需要统筹考虑和协调推进。

1.坚持以人民为中心的发展思想

数字包容的核心在于将老年人置于治理过程的中心,通过弥合老年人数字鸿沟和促进他们的数字融入,确保技术进步能够普惠于所有人。无论是"网络强国"战略,还是"数字中国"战略,都体现了国家以人民为中心的价值立场。在这一背景下,数字包容不仅关注技术的普及,更关注老年人在数字社会中的实际参与和受益情况。政府应通过制定政策、提供资源,确保老年人在数字世界中拥有平等的机会和能力。

2.形成整体性治理格局

智慧老龄社会的建设不仅仅是技术创新的过程,更涉及产业投资、社会机制、制度建设等方面的综合改革。建设数字包容的智慧老龄社会需要综合考虑技术、社会、经济和制度等各方面因素。政府、市场、社会组织、家庭和个人等多元主体需要构建全面协同的伙伴关系。政府应发挥主导作用,营造公平有序的市场环境;市场需提供适老化的产品和服务;社会组织和企业应发挥社会责任,推动社会参与;家庭和个人的积极性也不可忽视,通过家庭成员的共同努力来确保老年人获得全面的数字机会。

3.增强数字基础设施的可及性和适老性

数字基础设施是数字包容的基础。在未来的10年里,智能技术如物联网、云计算、人工智能等将不断融合升级,形成新的数字基础设施。老年人需要与年轻人一样,能够顺利接入和利用这些基础设施。如果老年人无法充分利用数字技术,将面临巨大的代际差距和不平等问题。因此,提升数字基础设施的可及性和适老化水平是关键,包括建设无障碍的数字环境、提供适合老年人使用的设备和服务,以及确保城乡、区域之间的数字基础设施均衡发展。

4.提升公民数字素养与技能

数字素养和技能是促进数字包容的重要环节。提升全民数字素养与技能,特别是针对老年人的数字技能培训,是弥合数字鸿沟的关键措施。全球许多国家和地区已经将提升数字素养作为战略方向,通过制定战略规划和开展培训活动,提高国民的数字能力。对于老年人而言,提供个性化的培训和学习资源，使他们能够掌握基本的数字技能，从而更好地融入数字社会，是提升数字包容的重要手段。

5.发展智慧老龄经济

数字经济为老年人提供了新的机会，尤其是在医疗保健、远程医疗、交通和城市生活等方面。智慧老龄经济旨在利用数字技术满足老年人的需求，提升他们的生活质量。通过合理应用数字技术，可以使老年人保持独立、活跃，并延长工作时间。此外，数字技术还能够促进国家治理和经济发展，为老年人创造更加友好的生活环境，推动智慧老龄经济的健康发展。

6.加强包容性科技创新

科技创新需要服务于人类福祉的实际需求，才能实现"科技向善"。针对数字技术革命可能带来的社会不平等问题，科技创新必须强调包容性，关注全体社会成员的福祉。通过推动科技与社会需求的紧密结合，开展更多贴近人民生活的技术创新，可以有效提升全民的数字包容性，减少社会阶层差距。

7.完善老年社会支持和参与体系

来自家庭、亲友和社会其他方面的精神和物质支持对老年人的幸福感和生活质量至关重要。支持老年人积极参与社会活动，帮助他们融入社会，是提升老年人生活质量的重要途径。社会支持和参与体系应包括家庭关怀、社区支持、志愿服务等方面，确保老年人在数字社会中能够获得应有的支持和尊重。

第二章

老年人数字融入困境与改善

第一节　老年人数字融入困境的表现

一、信息资源供给困境

在构建数字包容的智慧老龄社会的过程中，信息资源供给面临着多重困境，这主要体现在基础设施设备不完善和智慧养老政策落实不完全两个方面。

（一）基础设施设备不完善

基础设施设备的不足是阻碍老年人融入数字信息时代的首要障碍。目前，我国在信息基础设施建设上还存在不平衡问题。尽管宽带接入户数总体上有所增加，但增速缓慢且区域发展不均。高宽带接入率主要集中在经济发达的城市，而经济发展水平较低的城市和农村地区的宽带接入率仍然较低。这种差距限制了老年人在获取信息资源方面的平等机会。

具体来说，许多老年人的信息设备配置情况不理想。尽管计算机和智能手机的普及率在不断提高，但仍有大量老年人没有接入这些设备或仅拥有性能较差的旧设备。许多老年人所使用的设备往往是从他人处获得的二手产品，这些设备的性能和功能无法满足现代数字服务的需求。此外，部分老年人使用的手机不仅缺乏上网功能，并且还未能接入移动网络，导致他们在信息获取上处于劣势。

在公共设施方面，虽然一些城市的公共图书馆和社区中心已开始进行数字化建设，但整体水平仍然不足。尤其是在经济发展缓慢的城市，公共数字化设施仍然不够完善，缺乏针对老年人的专属使用窗口，使老年人在公共数字资源的获取上面临更多困难，没有能够平等地享受信息化带来的便利。

（二）智慧养老政策落实不完全

智慧养老作为应对老龄化问题的一种新型解决方案，已在一些地区开始推广。然而，目前智慧养老的普及程度仍然有限，存在许多待解决的问题。虽然一些地区的政府已开始向老年人免费发放智能手环等智慧养老产品，但这些举措主要集中在经济发达的地区，其他地区的老年人尚未享受到类似的福利。这种区域性差异限制了智慧养老政策的普及和实施。

截至2019年12月26日，国家卫生健康委员会办公厅公布的第二批智慧健康养老应用试点城市仅覆盖了北京、上海、江苏、山东、安徽的部分地区，以及湖南、山西、甘肃、内蒙古的少数地区。这样有限的覆盖范围导致了智慧养老的推广进度缓慢，实际的执行效果还需进一步验证。[1]

此外，尽管智慧养老产业发展势头良好，但许多相关产品并未能从根本上解决老年人的生活问题。许多智慧养老产品的功能和效果未能达到预期，部分产品甚至存在"治标不治本"的问题，有些企业借助"智慧养老"之名推销对老年人生活没有实质帮助的产品。这不仅不能提高老年人的生活质量，反而可能带来额外的困扰和不便。在实际情况中，老年人对这些智慧养老产品的需求和实际使用效果之间存在较大的落差，进一步制约了智慧养老

---

[1] 徐越.老年人数字包容的困境及化解路径研究[D].上海工程技术大学，2020：62.

政策的有效实施。

二、市场适老化产品单一困境

在老年人面临的市场适老化产品单一问题中，智能化设备的适用性和互联网内容的友好性是两个核心挑战。

首先，智能化设备对老年人的不适应性主要体现在缺乏专门设计的数字设备和现有设备的硬件和功能设计上未充分考虑老年人的特殊需求。[①]科学技术的快速发展使当代老年人在年轻时很少有机会接触和使用现代数字化智能设备，导致他们在年老时面临越来越多的使用障碍。对于许多老年人来说，缺乏足够的知识积累、文化基础以及训练导致他们在初次接触这些设备时难以驾轻就熟地操作，甚至对于部分连文字都不太认识的老年人来说，数字设备的操作更是一个巨大的挑战。数字设备的操作模式通常需要用户经过一定时间的摸索和学习才能熟练掌握，但对于老年人来说，这一过程可能更加艰难。在现实生活中，老年人在设置基本设备时已经感到困惑不已，复杂的操作步骤对他们来说更是难以理解和执行。

当前互联网产业中的从业者多为年轻人，智能化设备的主要市场也是面向年轻人，这导致设备在设计时往往忽视了老年人的需求。例如，设备屏幕和手机字体过小等硬件问题给老年人带来了极大的不便。老年人在使用虚拟键盘时面临更多困难，因为缺乏物理键盘的按键回馈，使他们在输入时感到非常困难。对于身体敏感度和反应速度下降的老年人来说，这些设计变化增加了使用的难度。此外，老年人使用智能化设备时常常只能依靠他人赠送或子女淘汰的设备，这些设备性能可能较低，甚至不具备上网功能，使老年人无法充分利用互联网资源。

其次，互联网内容对老年人不友好。现代互联网社会犹如一个大熔炉，

---

① 卢欢欢.老年数字鸿沟弥合的社会支持研究[J].新媒体研究，2022，8（20）：59-63.

各类自媒体平台涌现，充斥着天马行空、五花八门的内容。对于接受能力较低的老年人来说，这种复杂多样的内容环境并不友好。[①]互联网中的许多服务和应用，尤其是那些聚焦娱乐的内容，如抖音、快手等视频直播平台，往往吸引了大量年轻用户。然而，这些新媒体形式和内容对老年人来说可能是困惑甚至是困扰。老年人在浏览新闻时，弹出的广告链接可能会占据屏幕的一部分，使他们阅读更加困难。为了关闭广告，老年人可能会遇到新页面覆盖原有内容的问题，这种情况导致他们更加手忙脚乱，不知所措。

专门为老年人开发的网站、软件、微信公众号、微博账号、网络游戏等在数量上仍然不足。当老年人需要获取生活中的资讯或知识时，他们往往难以找到有效的数字途径。在信息爆炸的互联网世界中，真假难辨的内容使得老年人难以辨别可靠信息，这种情况常常使他们感到困惑和无所适从。此外，老年人之间的交流平台也不够多，缺乏专属的发声渠道，使他们难以快速解决问题和分享经验。即使拥有智能手机等设备，许多老年人仍然仅能使用基本通信功能，对于支付、打车、自媒体、金融和医疗等应用的理解和操作仍存在困惑和担忧。

三、社会服务建设不足困境

社会服务建设不足的困境在老年人数字包容过程中表现得尤为明显，主要包括数字化培训服务的缺乏和志愿者服务力度的不足。

首先，数字化培训服务的不足是一个亟待解决的问题。目前，虽然一些养老机构和老年大学针对有一定数字能力基础的老年人提供了数字技术教学课程，但总体而言，这类服务的数量和质量仍然无法满足老年人的需求。养老机构中开设的课程通常缺乏针对性，内容较为基础，无法满足老年人对复杂数字技术的学习需求。老年大学的数字培训班数量虽然有所增加，但由于

---

① 徐越.老年人数字包容的困境及化解路径研究[D].上海工程技术大学，2020：63.

老年大学的覆盖面有限，许多老年人并没有机会参与这些课程。一些社区娱乐中心和老年休闲中心提供的智能设备教学往往只是浅尝辄止，无法系统地提升老年人的数字能力。师资力量方面，教学人员的水平参差不齐，有些教师本身缺乏数字技术的深度理解，导致教学效果不尽如人意。此外，尽管部分公益机构和社会组织会不定期地为老年人组织数字化培训，但这些活动面临信息发布不充分、受众范围窄等问题，使得课程质量和效果难以保证。这类活动的资金投入也常常面临困难，尽管普通数字化设备的价格较为合理，但要建立完善的配套设施，如租用教学场地、购买高端设备等，仍需较高的经济支出。这些因素都限制了数字化培训服务的广泛开展和深入推进。

其次，志愿者服务的力度也有待加强。近年来，不少志愿活动主要集中在大城市，特别是高校聚集的地区。由于交通不便、路途遥远等客观原因，许多乡镇老年人很难享受到志愿者服务。同时，以高校学生为主的志愿者活动受限于学生的课余时间，服务的持续性和连贯性难以保证。

当前，志愿者服务主要集中在智能手机和计算机的基本使用上，而对于医院自助挂号机、银行业务办理机、地铁和车票自助售取票机等其他重要的数字设备，志愿者服务的覆盖率仍然很低。此外，现代社会的"无纸化"办公趋势对老年人构成了一定的挑战，使他们在日常生活中面临诸多不便。因此，如何帮助老年人理解并适应互联网思维模式，成为志愿服务必须面对的一个重要课题。

四、家庭、代际反哺实现困境

家庭和代际反哺的实现是提升老年人数字包容能力的重要环节。然而，目前在这一领域存在诸多困境，主要包括年轻人文化反哺意识的不足以及亲友圈帮助的缺乏。

首先，年轻人文化反哺意识的提升仍有待加强。对于"80后""90后""00后"的年轻人而言，互联网是他们成长过程中不可或缺的一部分。这些人在学习启蒙阶段便接受了较高水平的数字技术教育，能熟练掌握计算机和互联网的使用。然而，这种技能的普及反而导致了一种误解，即互联网和数字设备是年轻人的专属领域。很多年轻人认为老年人不需要或者不应该涉足这个快速发展的数字信息化世界。这种观念不仅排斥了老年人，也阻碍了他们的数字化进程。在家庭生活中，年轻人往往忽视或不愿意主动帮助老年人使用数字设备，即使老年人主动询问相关问题，年轻人也常常表现出不耐烦的态度。这种情况不仅限制了老年人获取数字化便利的机会，也让他们在尝试学习新技术时感到孤立无援。

实际上，家庭中的年轻人是帮助老年人克服数字障碍的关键力量。老年人在年轻时对下一代的教育和扶持，应该在他们年老时得到回报。这种亲情关系下的文化反哺比任何外部的社会服务都更加高效和成功。年轻人应当认识到，帮助老年人融入数字社会不仅是责任，更是对家族文化传承和家庭和谐的有力支持。这种帮助不仅是解决技术问题，还包括引导老年人适应和接受数字化的生活方式，增强他们的自信心和独立性。

其次，亲友圈的帮助也是老年人数字包容的重要推动力。对于老年人来说，亲戚朋友的影响往往比外界的影响更加直接和真实，特别是那些已经熟练掌握数字技术的老年人，可以起到榜样和引领的作用，通过分享自己的经验和技巧，帮助更多的同龄人克服数字化的障碍。然而，目前"以老扶老"的观念并未得到广泛推广和认同，使很多老年人无法充分利用身边的资源来提升自己的数字技能。

五、老年人素质困境

老年人在面对现代数字化社会时，往往面临着身体素质、心理态度和数字素养水平等多方面的挑战。这些问题不仅限制了他们对数字技术的接受和使用，也影响了他们的生活质量和社会参与感。

首先，老年人的身体素质下降是一个普遍的问题。随着年龄的增长，老年人的身体功能逐渐衰退，这给他们使用数字化设备带来了实际的障碍。例如，手指的灵活性下降使他们操作触摸屏幕或小按钮变得困难；视力下降使他们阅读屏幕上的小字变得费劲；颈椎问题让他们长时间使用电子设备时感到不适；听力下降则影响他们对语音提示或多媒体内容的接收。此外，记忆力的减退也让他们难以记住复杂的操作步骤和密码等信息。这些问题要求老年人不仅要关注自身的健康，还需要积极参加体育锻炼和保持良好的生活习惯，以增强体质，从而更好地适应数字设备的使用。

其次，老年人在心理态度上也需要进行调整和改善。许多老年人对新科技抱有抵触情绪，认为这些是年轻人的专属领域，与自己无关。这种观念导致他们缺乏学习和使用数字设备的动机和信心。此外，一些老年人在接触新技术时会感到恐惧和焦虑，担心自己无法学会或操作失误会带来负面后果。例如，他们可能害怕网络诈骗，担心个人信息泄露或财产损失。这种心理障碍需要通过教育和引导来克服，使老年人意识到数字技术在日常生活中的重要性，并帮助他们建立信心和安全感。同时，社会和家庭也应为老年人提供一个包容和支持的学习环境，减轻他们的心理负担。

最后，老年人的数字素养水平普遍偏低，这是他们适应数字社会的另一大障碍。由于大部分老年人并未接受过系统的现代教育，他们在语言、文字和基本计算机知识方面的基础较为薄弱，尤其是在农村地区，许多老年人甚至无法流利使用普通话，拼音和汉字的掌握也存在困难，使他们在面对复杂的数字设备和互联网内容时感到无所适从。此外，数字世界中的许多术语和概念源自外文，这进一步增加了老年人学习的难度。

六、城市老年群体的数字生存困境

（一）城市生活环境的数字化

在现代社会，数字化生活环境的日益普及对不同群体产生了显著的影响，尤其是老年群体。在城市化进程中，老年人如何适应和融入数字化生活方式成为一个亟待解决的课题。

1.社会服务场景的数字化

随着数字技术和智能设备的不断发展，城市生活中的各个方面逐渐实现了数字化和智能化，构成了所谓的"数字城市"（digital city）。数字城市不仅涵盖了自然和社会资源的数字化记录，还包括基础设施建设、人文、商业、经济等多个领域的信息化。

在日常生活中，智能设备的应用无处不在。比如，许多餐馆和商店开始采用线上点单和支付的方式，极大地提高了服务效率。"互联网+"的推广使数字技术成为城市生活中不可或缺的一部分。然而，老年人作为一个特殊群体，在面对这些智能化场景时，常常感到无所适从。

老年人在智能设备的使用上存在明显的适应性问题。例如，随着年龄增长，老年人看病就医的频率增加，而现代城市中的挂号、问诊、治疗、费用结算等环节都逐渐数字化，许多老年人因不熟悉智能设备而无法独立完成这些操作。此外，网络支付的普及使日常缴费逐渐转向线上，许多服务机构甚至缩短了线下缴费时间，这对不擅长使用数字设备的老年人来说非常不便。

同时，网络购物的普及也给老年人带来了新的挑战。老年人由于数字素养较低，难以识别网购中的假冒伪劣产品，从而容易造成财产损失，尤其是刚从农村迁居城市的老年人，他们对新型智能小区的安全设施和数字化生活方式感到非常陌生，缺乏安全感。此外，像外卖、网购、网课等服务的主要对象多为年轻人，这些服务由于需要一定的数字技能，使得老年人难以参与其中，进一步加剧了他们在现代社会中的边缘化现象。

2.风险防控方式的数字化

突发社会事件进一步加剧了老年群体在数字化社会中的不适应感。以新冠疫情为例，疫情期间，各地通过大数据技术进行防控，健康码成为出行和进入公共场所的必要条件。然而，对于缺乏数字技能的老年人来说，出示健康码成为一大难题。例如，哈尔滨市的一位老人因为无法出示健康码而被拒绝乘坐公交车；大连市的一位老人因无法出示通行证被阻止进入地铁站。这些案例表明，在数字防疫措施普及的过程中，老年人因数字技术的缺失而面临诸多生活不便。

此外，疫情还推动了经济和文化活动的线上化。远程办公、在线医疗等数字化工作和生活方式成为新的常态，这对老年人来说无疑是一种挑战。他们不仅需要学习如何使用智能设备，还要适应新的生活方式。对于那些在传统社会结构中已经适应了几十年的老年人来说，这种快速的变化可能会导致焦虑和不安。

总之，城市生活环境的数字化进程对老年人群体提出了新的挑战。数字化社会服务场景的扩展和风险防控方式的数字化虽然提升了整体社会的运作效率，但也对老年人的适应能力提出了更高的要求。为了帮助老年人更好地融入数字化社会，社会各界应加强对老年人的数字技能培训，提供更多的技术支持和心理辅导。同时，应通过政策引导和社区服务，促进老年人数字素养的提升，确保他们在享受数字化便利的同时，不被边缘化。这不仅是提高老年人生活质量的必要措施，也是构建包容型社会的关键一步。

（二）家庭代际交流的数字化

1.交流语境中的数字代沟

在现代家庭中，数字化交流逐渐取代了传统的书信和固定电话，成为主要的沟通渠道。对于年轻人而言，数字技术不仅是日常生活的工具，而且是学习和工作的必需品。老年人也开始逐渐适应这一趋势，特别是在即时通信工具如微信和视频通话方面，根据中国互联网络信息中心（CNNIC）的调查显示，即时通信工具在老年网民中的使用率达到了90.6%。微信和网络视频在一定程度上替代了传统的短信和面对面交流，成为跨代际沟通的重要手段。

然而，尽管数字化工具在家庭沟通中越来越普及，数字代沟的问题依然存在。不同时代的人在经历和成长过程中所接触的文化、技术和社会环境不同，这导致了他们在价值观、行为取向和文化喜好上的差异。这些差异不仅体现在日常生活中，也在数字技术的采纳和使用上显现得尤为明显。

老年人通常不熟悉年轻人的网络文化和表达方式，使他们难以准确理解在文字、表情符号或图片中所包含的隐喻和深层含义，结果导致代际间的沟通经常无法达成共鸣，甚至由于理解上的偏差引发误解和冲突。这种数字代沟不仅影响了信息的传递，也对家庭关系产生了负面影响，尤其是在涉及情感交流和重要决策时。

2.家庭场域下角色的转变

在家庭场域中，代际间的角色正在发生显著的变化。年轻人由于对新兴数字设备和传播形式的熟练掌握，逐渐成为家庭中获取和传播信息的主导者。这种角色的转变，使他们从传统的"被教育者"变为数字领域的"反哺者"，在家庭内部承担起教授老年人使用数字技术的责任。

与此同时，老年人则面临着新的挑战。随着年龄的增长，他们大多已经脱离了学校和工作集体，学习新技术的机会相对减少。在家庭中，老年人原本因经验丰富和权威而占据的中心地位也开始弱化。这种角色的变化，常常导致老年人感受到来自年轻一代的轻视，甚至在家庭决策和日常沟通中被边缘化。老年人在家庭中的威望逐渐下降，使他们在面对新技术时感到更加无助和孤立，进而产生失落感和挫败感。

家庭是老年人进入养老阶段后接触的主要社会群体，也是他们感受最为深刻的生活场域。家庭内部的数字鸿沟可能导致老年人感到与家庭成员之间的距离感加深，进而影响他们的心理健康。缺乏与子女的有效沟通和共鸣，可能使老年人感到被忽视或不被理解，从而增加他们的孤独感和焦虑感。这种负面情绪不仅对老年人的身心健康产生不良影响，也可能导致家庭关系的进一步恶化。

（三）个人社会参与的数字化

1.自我价值呈现的数字化

在现代社会中，数字技术的普及使得个人自我价值的呈现和实现发生了深刻的变化。数字化融入已经成为新媒体时代展示自我价值和实现个人发展的重要渠道。通过互联网，个人能够参与到线上问政、网络文化、经济交易等各种社会活动中，利用数字平台表达观点、展示才华，甚至解决生活中的实际问题。社交媒体如微信、微博、短视频平台提供了广阔的网络交往空间，人们可以在这些平台上发表对社会问题的看法，参与到社会的政治、经济、文化活动中。

然而，对于老年人群体来说，尽管他们同样有提高生活质量和参与社会的需求，但数字融入程度较低使他们在新媒体时代的社会活动中常常处于被边缘化的状态。中国60岁及以上的老年人主要成长于传统媒体时代，习惯于报纸、广播和电视等单向传播型媒介的资讯接收模式。长时间的单向信息接收使得老年人在面对新媒体时感到陌生和不适应。这些新媒介要求用户具备主动获取和分析信息的能力，以及参与互动的意识，这对于许多老年人来说是一个挑战。在这个新的数字环境中，老年人需要重新定位自我身份，学习使用互联网工具来实现社会参与，适应迅速变化的媒介环境。

2.社会人际交往的数字化

加拿大传播学者马歇尔·麦克卢汉在其著作《理解媒介：论人的延伸》中提出了"媒介即信息"的理论，强调媒介不仅传递信息，还塑造和控制着人们的交往形式和尺度。[1]随着新媒体的发展，社会生活的展示和人际交往的模式也随之改变。网络技术打破了时间和空间的限制，使人们的沟通方式和情感交流更加多样化，文字、图片、音频和视频均成为日常交流的重要手段。现实生活中的交往空间外，虚拟的网络空间为人际关系的建立和维持提供了新的可能。

对于老年人而言，新媒介同样提供了构建和维系朋辈关系的新途径。随着老年网民数量的增长，网络空间成为老年人拓展社交圈、寻找志同道合朋友的重要平台。许多老年人已经离开了熟悉的工作环境或家乡，传统的人际交往空间变得有限，而新媒介赋予了他们在虚拟世界中重新建立社交网络的机会。这种虚拟交往不仅扩展了老年人的交流范围，也有助于减轻他们的隔离感和孤独感。

不过，老年人的网络社交也面临着一些问题，如一些老年人在网络世界中找到了情感寄托而沉迷于虚拟世界；长时间使用网络可能影响老年人的身体健康；老年人常因缺乏网络安全意识，导致个人信息泄露或遭遇网络诈骗等。

---

① [加]马歇尔·麦克卢汉.理解媒介：论人的延伸[M].何道宽，译.南京：译林出版社，2011：20.

第二节　老年人数字融入困境化解的具体指引

信息社会通过大数据和新型数字技术融合各行业，满足人民美好生活需求。然而，这也带来了老年群体数字贫困的问题，主要表现在政府供给能力、数字技术适老能力、老年群体的数字行为能力、家庭和社会支持能力的不足，以及人口老龄化的挑战。应对这些挑战需要提高政府供给能力、优化适老技术设计、提升老年人数字能力，并加强家庭和社会支持，以实现全社会的协调发展。

一、政府数字供给能力建设

在老年数字贫困治理中，政府作为指导者和主导力量，起到了至关重要的作用。

（一）助老上网政策的推行与实施

为有效治理老年群体的数字贫困问题，亟须完善老年群体的数字化生存政策法规。政府应从以下四个方面入手。

1.广泛调查与政策制定

政府应全面调查各地区老年群体的生活状况和经济收入，针对经济状况较差的老年群体进行精细化分类，并因地制宜地出台相应的数字支持政策。

2.加强网络监管与保护

政府需制定和完善网络监管政策，加强对网络信息的监管，树立权威网络环境，保障老年人安全、健康的上网体验。严厉打击网络平台上的虚假信息和诈骗行为，营造一个安全可靠的网络环境，保护老年人上网的权益。

3.政企合作与社会参与

政府应当深化与社会各界的协作，制定并实施政企合作政策，积极整合社会各界力量，携手推动信息资源标准应用规范和技术标准体系的建立健全。此外，还需在安全监管与评估等领域构建完善的保障机制，对网络平台主要责任人实施定期评估与随机抽查，以保障老年群体网络使用的质量与安全性。

4.专门数字教育

政府应注重对老年群体的数字教育，通过整合社会资源，如公共图书馆、老年大学、高校和社区志愿者等，对老年人进行上网指导和教学。同时，政府应支持和鼓励与老年数字教育相关的学科建设和研究，通过提升老年人的数字素养，帮助他们更好地融入智慧社会。

（二）信息基础设施适老化建设的推进

随着我国信息化建设的蓬勃发展，全社会在基础数字信息化设施方面的投入持续增加，这一趋势显著改变了公共服务的供给模式。数字化公共服务日益与数字设备深度融合，为民众带来了前所未有的便捷性，但值得注意的是，部分公共服务领域的自助服务设备在操作界面设计上存在过于复杂的问题，这对老年群体构成了不小的挑战，使他们在享受数字化服务时面临困难。

作为老年数字贫困治理的核心力量，政府应主动担当，积极倡导并推动相关部门在服务过程中实施适老化改造。这一举措旨在提升各行各业数字化服务的适老性能，确保老年群体能够跨越数字鸿沟，充分享受信息化带来的便利。

当前，我国正处于信息化加速发展的关键阶段，解决老年群体数字贫困问题的关键在于数字信息化设施的广泛覆盖和有效投入。为此，政府需从顶层设计入手，努力降低通信成本，或专为老年人设计经济实惠的通信套餐。

通过这一方式，不仅可以减轻老年人在智能设备购买和使用方面的经济负担，也能促进他们更好地融入数字化社会。

在数字化公共服务的众多领域中，医疗服务尤为典型。随着网络挂号、远程诊疗、远程医学影像、远程病理分析和医药费用结算等线上服务的普及，必须充分考虑老年群体的使用习惯和需求，对这些服务进行适度调整和优化。为全面优化养老服务的数字化外部环境，政府还应鼓励和支持开发适合老年人使用的智能设备界面和业务内容设计，从而开创智能养老的新模式。

鉴于老年人在身体和心理方面的特殊性，政府在推动智能设备适老化改造时，应特别关注设备的外观界面和操作方法的简便性。通过开发符合老年人需求的使用界面，确保他们能够轻松、舒适地使用这些设备，享受数字化服务带来的便利和舒适。

二、整合多重力量，破除接入障碍

在当前的数字时代，老年人面临着新媒介使用的诸多障碍，这不仅限制了他们获取信息和参与社会的能力，也影响了他们的日常生活质量。为了解决这一问题，需要整合多方面的力量，从家庭到社会层面，提供系统性的支持和帮助。

（一）加强代际交流，倡导数字反哺

家庭在老年人数字融入过程中扮演着关键角色，特别是年轻一代的数字反哺，能有效帮助老年人适应数字化生活。这种反哺不仅包括技术上的指导，还涉及心理上的支持和文化上的适应。

1.调整长者心态，加强代际交流

尼葛洛庞帝在《数字化生存》中提到："全球信息资源将被年轻一代主

导，人类的每一代都会比上一代更加数字化。"[1]在这一背景下，老年人被迫进入数字化的世界，传统的家长制观念逐渐消解，代际关系发生了显著变化。老年人需要调整自己的心态，从传统的权威者角色转变为学习者角色。这一转变需要心理上的适应，即接受子代在数字技能方面的优势和帮助。子代应采取适当的沟通方式，用老年人易于理解的语言解释数字社会的复杂性，帮助他们消除对新媒介的恐惧和排斥。

2.激发子代热情，倡导数字反哺

子代不仅是老年人获取数字技能的主要来源，也是他们融入数字社会的关键支持者。子代应提高自身的数字信息供给能力，积极主动地为老年人提供技术支持和心理上的鼓励。这种反哺行为不仅是家庭责任的一部分，也是社会义务的延伸。在当今社交媒体和网络游戏盛行的时代，子代应反思是否过于沉迷于网络，忽略了与父母和祖辈的沟通与交流。通过有意识地参与到老年人的数字生活中，子代可以帮助他们树立信心，使其逐步掌握智能设备和网络应用的使用方法。同时，子代应关注老年人的信息安全问题，及时告知他们常见的网络诈骗和谣言，增强老年人的防范意识。

3.鼓励老年人积极参与

代际间的沟通障碍是普遍存在的现象，然而，家庭成员的支持和陪伴对老年人心理健康有着重要的作用。老年人在感受到来自子代的关心和支持后，通常会表现出更大的学习积极性和适应能力，从而加快他们的数字化进程。

（二）引导社会参与，强化触网意愿

除了家庭的支持，社会各界的参与也是推动老年人数字融入的重要力量。通过提供多种形式的社会支持，可以有效提高老年人对新媒介的接受度

---

[1] 王姚嬉娃.城市老年群体的数字融入问题研究[D].东北财经大学，2022：44.

和使用意愿。

1.鼓励老年人参与社会活动

社会活动是老年人保持社会联系和心理健康的重要途径。通过参与各种形式的公共活动，老年人不仅可以扩大社交圈，还可以接触到更多的数字技术和应用。这对于那些从农村迁居城市或退休在家的老年人尤为重要，他们可能因为离开了熟悉的环境而感到孤立和疏离。参与社会活动可以帮助他们建立新的社会网络，增强自我认同感和主体认同感，从而提高他们的生活质量和幸福感。

2.构建社会友好氛围

为了促进老年人的数字融入，需要构建一个包容且支持性的社会环境。首先，政府应发挥领导作用，通过提供公共基础设施和资助项目，为老年人提供便捷的互联网接入和数字技能培训。例如，在社区设立老年活动中心和图书馆，为老年人提供上网设备和网络课程。其次，社会公益组织、老年活动机构、高校和互联网企业等各类社会单位应合作打造老年人交流和学习的平台。通过举办线下的老年人活动或在线的老年人论坛，提供文化交流和教育培训活动，满足老年人的文化需求和社交需求。

3.给予空巢老人更多的关注

"空巢老人"群体的子女和孙辈往往因为工作和地理距离的原因无法经常陪伴他们，这部分老年人可能会面临更多的孤独感和数字融入困难。社区可以在老年活动中心开设长期的电脑培训室，提供智能设备操作培训以及网络素养教育活动，帮助他们降低对新媒介的排斥感，并提高他们的数字技能和信息安全意识。

总之，通过整合家庭和社会的多方面力量，提供系统化的支持和帮助，老年人可以更好地融入数字社会，享受信息时代带来的便利和乐趣。这不仅有助于提升他们的生活质量，也有助于构建一个更为包容和充满关爱的社会。

三、突破技术屏障，加快适老创新

在数字时代，老年人面临的技术屏障和数字鸿沟是一个亟待解决的问题。为了更好地满足老年人的需求，并帮助他们融入数字社会，需要进行一系列的技术创新和内容优化。这不仅涉及产品功能的改进，还包括为老年人量身定制的数字平台的构建。

（一）开发老年模式，革新产品样态

1.开发老年模式

在数字产品的开发过程中，可以借鉴"未成年模式"的成功经验，推出专为老年人设计的"老年模式"。这一模式旨在简化操作流程，降低老年人使用数字产品的门槛，从而使他们更容易接受和使用新媒介。

老年模式应在功能设置和操作步骤上做到简洁易懂。例如，注册账号等基本操作可以通过简单的图文说明进行引导，并在页面醒目位置提供清晰的提示。对于需要跳转的超链接，应当标明链接的目的和内容，以便老年人理解。同时，操作步骤应清晰有序地排列，每一步骤的提示信息应简明扼要。

老年人由于感官能力的衰退，对视觉元素的感知能力有所下降。因此，页面设计应当简洁明了，避免过于复杂的视觉元素。按钮和其他交互元素应足够大，以便老年人操作。内容的排列应当留有足够的空白空间，标题和重要内容应使用醒目的字体和颜色突出显示。

在交互设计上，应降低页面跳转和动画效果的频率，避免闪烁和过多的动态元素分散老年人的注意力。小窗口和弹出框应置于不妨碍主要内容的位置，确保老年人可以集中精力阅读主要信息。

2.革新技术，开发新型适老产品

随着人工智能技术的发展，养老服务领域也迎来了变革。利用人工智能技术，可以开发出更符合老年人需求的适老产品，从而帮助他们更好地融入数字社会。

人工智能可以实时监测老年人的健康状况，提供个性化的健康建议和治疗方案。例如，通过智能手表或健康监测设备，老年人可以方便地获取自己的健康数据，系统根据这些数据提供健康提示和康复训练建议。此外，人工智能还可以提供远程医疗服务，使老年人无须出门即可获得专业的医疗咨询和诊断。

针对老年人孤独感的问题，人工智能可以提供拟人化的情感交流功能。通过全息影像或虚拟助手，老年人可以与虚拟人物进行对话和互动，这种技术不仅可以缓解他们的孤独感，还可以提供情感支持和心理慰藉。

通过这些技术创新，不仅可以提升老年人的生活质量，还可以帮助他们更好地适应和接受数字化生活。

（二）加快内容创新，打造老龄平台

为了更好地满足老年人对互联网信息的需求，社会各界应积极参与，开发和优化适老化的数字平台。这些平台不仅应提供老年人感兴趣的内容，还应在设计上符合老年人的认知特点和使用习惯。

1.内容适老，形式易懂

老龄平台的内容应尽可能多元化，以满足老年人的不同兴趣和需求。

平台应提供丰富的老年人专属内容，如健康养生、时事新闻、文化娱乐等，并开发个性化的内容推荐系统，帮助老年人快速找到感兴趣的内容。

内容的呈现方式应当通俗易懂，避免使用过多的专业术语和网络词汇。对于重要信息和功能，应设置醒目的导航和标识，使老年人能够快速找到所需内容。此外，平台应优先展示权威信息，将商业广告置于次要位置，并明确标识广告内容。

针对老年人不熟悉的功能，如超链接跳转、在线支付、账号注册等，平台应在显著位置提供操作指导，帮助老年人顺利完成操作。

2.多方合作，构建老龄友好平台

打造适合老年人的数字平台不仅需要技术支持，还需要政府、社会组织和媒体的共同参与。

政府可以提供政策支持和资金投入，建立老年人信息共享平台和虚拟社区，帮助老年人获取公共服务和政策信息。

老年服务机构和社会公益组织可以利用新媒体平台，为老年人提供信息和服务。例如，及时更新有关老年人社会保障政策的信息，提供便捷的办事指南等。

传统媒体可以通过线上线下结合的方式，推出老年人感兴趣的文化艺术内容，如文学、戏曲、书画等。通过提供展示平台，不仅丰富老年人的文化生活，还提升他们的社会参与感和自我价值感。

通过上述措施，社会各界可以共同努力，打破老年人面对的技术屏障，促进他们融入数字社会。这不仅有助于提升老年人的生活质量，也有助于构建一个更加包容和互助的社会。

四、老年群体数字可行能力培养

在信息时代，老年人群体的数字鸿沟问题已经成为社会关注的焦点。数字鸿沟不仅仅是技术问题，更是社会问题。要解决这一问题，老年人自身的主动性和适应性是关键因素。因此，培养老年人的数字可行能力，不仅是技术和产品层面的优化，更需要从心理、教育、法律等多方面入手。

（一）使老年群体树立身体素质提升意识

首先，老年人需要意识到身体素质的提升是享受数字生活的基础。正如"身体是一切革命的本钱"所言，只有保持良好的身体状况，老年人才能有充沛的精力和体力去学习和使用新的数字技术。为此，可以通过社区活动、健康讲座等方式，向老年人传递健康生活的理念，并鼓励他们参与适度的体育锻炼。这不仅有助于提高老年人的身体素质，还能提升他们的心理健康水平，为学习和使用数字技术打下坚实的基础。

其次，老年人对新技术的接受程度往往受到心理因素的影响。很多老年人因为对网络和智能设备的陌生感而感到恐惧，这种心理障碍是他们跨越数字鸿沟的一大阻力。因此，需要通过外部力量帮助老年人克服这些心理障碍。例如，可以通过家人、志愿者等向老年人传递网络知识，让他们在熟悉的环境中逐步接触和学习新技术。同时，可以通过举办老年人专属的数字体验活动，让他们亲身感受智能设备带来的便利，从而激发他们的好奇心和学习兴趣。

此外，老年人的学习过程可以通过家庭和社会的支持来加强。家人和朋友可以在日常生活中帮助老年人学习使用互联网和智能设备，如教他们如何进行基本的网络操作、如何安全地进行在线支付等。这种学习方式不仅有助于提升老年人的数字技能，还能增进家庭成员之间的情感交流。

（二）鼓励老年群体提升自己的数字素养水平

提升老年人的数字素养是解决数字鸿沟问题的关键。数字素养不仅包括基本的操作技能，还涉及信息的甄别和自我保护能力。为此，政府、社区和社会组织可以联合开展一系列教育活动，帮助老年人提升数字素养。

1.系统化的数字教育

各级政府和社区应积极组织针对老年人的数字教育课程，这些课程应包括基本的计算机和智能设备操作、互联网安全知识、社交媒体的使用等内容。同时，还应提供关于信息甄别和个人隐私保护的教育，帮助老年人学会识别虚假信息和诈骗手段。例如，可以通过案例分析的方式，让老年人了解常见的网络诈骗手段，如虚假投资、虚假购物等，从而增强他们的防范意识。

2.增强信息甄别和自我保护意识

随着互联网的普及，各种信息鱼龙混杂，老年人由于思辨能力较弱，容易受到虚假信息的影响。因此，老年人需要具备一定的信息甄别能力，学会判断信息的真伪。在日常生活中，老年人还需要注意保护个人隐私，如在银行取钱或网上购物时，避免泄漏个人信息。此外，避免在不安全的网站上填写个人信息。

为了帮助老年人提高信息甄别和自我保护能力，可以通过家庭和社区的力量向他们宣传相关知识。例如，社区可以组织防诈骗讲座，邀请专家讲解常见的网络诈骗手段和防范措施。同时，家人也应关注老年人的网络使用情况，及时提醒和帮助他们识别可能的风险。

3.社会各界的支持

老年人的数字素养提升离不开社会各界的支持。政府可以出台相关政策，鼓励企业和社会组织开发适合老年人的数字产品和服务。同时，社会各界也应积极参与到老年人的数字教育中来。例如，高校志愿者可以定期到社区为老年人讲解网络知识，帮助他们熟悉各种数字工具的使用。社区组织也可以开展老年人数字学习班，为他们提供系统的数字教育。

总之，解决老年人的数字鸿沟问题需要全社会的共同努力。通过提升老年人的身体素质和心理素质，增强他们对新技术的接受能力，同时提供系统化的数字教育和信息甄别技能培训，帮助老年人更好地融入数字社会，实现信息共享。

五、消除文化区隔，构建友好环境

（一）优化表达环境，助力老年人发声

1.塑造真实且多元化的老年人形象

首先，社会、媒体及社区应携手合作，致力于构建一个对老年人友善的网络表达环境。这要求各类平台和媒体以真实、客观、全面的视角展现老年人形象，从而降低他们对新兴数字环境的排斥心理。权威机构应通过其官方渠道发布老龄化相关的统计数据，并倡导积极老龄化的理念，以消除因传统老龄观念而产生的生理歧视，进而提升老年人的自我认知与认同，激发他们

学习新技术及参与社会活动的热情。媒体工作者在制作节目时，应增加积极、健康、正面的老年题材报道，避免使用任何可能引发歧视的语言，并广泛邀请老年人在互动环节中积极参与，以充分展现老年人的个性与魅力。

2.鼓励老年人积极发声

老年人触网增速较快，但在网络中仍然面临话语权不足的问题。为了争取更多的表达机会，老年人应积极参与社会互动和话题讨论，这不仅有助于提升他们在网络中的话语权，也有利于网络公信力的建设。短视频平台如抖音、快手等，为老年人提供了自我表达的平台。

3.提供数字锻炼的选择权

虽然数字化带来了便利，但并非所有老年人都能完全适应这种生活方式。社会应尊重老年人选择数字锻炼的权利，而不强迫他们追赶数字时代。对于高龄、独居或身有残障的老年人，数字生活可能带来更多的挑战。因此，社会应在推广数字技术的同时，保留传统服务方式。例如，在餐厅除了扫码点餐，还应提供人工点餐服务；在售票系统中，应保留一定数量的线下购票窗口。必要时，如疫情期间申请健康码，政府应为老年人提供简便的接入方式，帮助他们了解和使用数字工具。

（二）打击虚假信息，共筑安全网络

老年群体因数字素养相对薄弱，容易成为网络诈骗的目标，因此打击虚假信息和网络诈骗需要多方共同努力，以提供更安全的数字环境。

首先，完善相关法律法规是打击虚假信息和网络诈骗的基础。对蓄意造谣和传播谣言的行为应依法追究责任，将风险降到最低。特别是针对网络上严重失实的商业广告，需制定并完善相关法律，以规范网络商业生态，严惩利用互联网发布虚假广告谋取不正当利益的行为。同时，还需明确平台责任，确保其履行监管义务，从而构建一个更加规范和透明的网络环境。

其次，技术手段在防范网络诈骗中具有重要作用。公安部推出的"国家反诈中心"应用就是一个成功的案例。该应用利用大数据和云计算技术，建立了综合预警平台，对涉嫌诈骗的电话、短信、网址、应用等进行标记，并在用户接收时发出预警。特别是对于老年人等信息弱势群体，平台应鼓励他们登记紧急联系人信息，当发现老年人存在受骗风险时，及时通知当事人或紧急联系人，以降低受骗的概率。①

再次，媒体作为信息传播的主要渠道，应恪守新闻专业主义，建立健全的谣言应对机制。媒体应利用大数据技术追溯信源，对于来源不明且内容涉及用户现实利益的信息，应及时给予提示，避免用户受骗。同时，媒体在发布老年人相关信息时，应整合优化信息推送，以便老年人查找和利用。此外，在广告投放方面，应控制比例，杜绝低俗甚至违法的商业广告。

最后，家庭在引导老年人使用网络和过滤有害信息方面起着至关重要的作用。老年人在接受网络知识时，最愿意听取家人的意见。家人应主动帮助老年人学习网络使用技能，特别是在防范网络诈骗方面，应耐心解释诈骗手法，及时更新骗术和防范措施的信息，以提高老年人的警惕性。

综上所述，通过完善法律法规、利用技术手段、媒体自律及家庭引导等措施，可以帮助老年人更好地融入数字社会，同时也为他们提供了选择权和安全保障。这不仅是对老年人的尊重，也是社会和谐发展的必然要求。

---

① 王姚嬉娃.城市老年群体的数字融入问题研究[D].东北财经大学，2022：50.

第三章

老年人数字社会融入机制

第一节　推进顶层设计与政策支持

一、老年数字能力的社会政策支持发展与特点

人口老龄化与数字化相互交织的时代改变了老年人对于传统社会的认知方式和生活习惯，由此带来的银发数字鸿沟再一次赋予了老年人弱势群体的身份。弥合数字鸿沟的方式并不是简单地通过基础设施向老年人赋能这样简单，而是应该从老年人自身的能力建设出发，以"授人以鱼不如授人以渔"的方式真正从源头弥合数字鸿沟。大量研究表明，社会政策在防范老年人由数字鸿沟带来的社会边缘化中起到了十分重要的调节作用。

（一）探索阶段（2016—2019年）：数字设备重于数字技能

2016—2019年是提升老年人数字能力的政策探索期，也是在这段时间内，互联网和养老服务产业相互交织，产生了老年数字鸿沟问题。2016—2017年间国务院牵头发布了《关于积极推进"互联网+"行动指导意见》和

《"十三五"国家老龄事业发展和养老体系建设规划》政策后，全国各地积极开启了智慧养老的实践。智慧健康养老各种产品的开发与使用一方面为改善老年人生理机能衰退问题提供了智慧手段，另一方面也为老年人融入智能社会埋下"隐患"，老年人由此产生的智能技术使用问题渐渐进入大众视野。对此，政府出台的政策中以《关于印发"十三五"国家老龄事业发展和养老体系建设规划的通知》为例，政策一边不断推进老年数字服务与设施适老化改造，强调"加强数字图书馆建设，拓展面向老年人的数字资源服务，推广老年信息服务全覆盖"，一边从教育层面提倡"优先发展城乡社区老年教育……支持鼓励各类社会力量举办或参与老年教育"，在全社会扩大老年教育。2017年出台的《智慧健康养老产业发展行动计划（2017—2020年）》中要求加快发展智慧养老相关产业，"智能监控养老服务产品供给工程，覆盖健康管理类可穿戴设备、便携式健康监测设备……"①从中可以看出，这一阶段政策基本聚焦在智慧养老所需要的专业性智能设备上，并没有考虑老年人在其中的主体性参与。政府对老年人产生的智能技术运用障碍并未引起足够的重视，政策偏向适合老年人的智能产品开发与适老化改造等外部环境的帮助，并未考虑智能化与数字化水平提升是否会引起老年人生活不便，针对老年人数字技能的老年数字教育也没有专门的、详细的政策规划和具体实施方案。可见，初期并没有专门的政策来帮助老年人解决智能技术使用困境，而是将其作为政策的一个方面提出。

（二）发展阶段（2020—2021年）：保护老年人数字参与

第二阶段是发现老年人数字能力不足并对其加以保护的时期，这一时期内有关保护老年人数字参与的政策数量直线上升，目的是保证老年人数字参与的公平性和消除老年数字鸿沟，为老年人提供良好的社会环境与数字包容。2020年在新冠疫情的影响下"健康码"等数字应用的强制性全面推广在一定程度上对生产生活的恢复起到了重要推动作用，同时也带来了深度老龄

---

① 王越.太原市智慧社区居家养老服务问题研究[D].山西财经大学，2021：14.

化与数字智能技术迭代发展之间断裂，代际数字鸿沟逐渐由硬件设备形成的"接入沟"向数字能力缺失的"使用沟"和"知识沟"转变，数字鸿沟带来的老年人等弱势群体的数字不平等现象得到了党和国家的关注。国家紧急出台了多项举措缓解老年人在智能技术方面的使用困境，最具有代表性的文件是2020年11月国务院出台的《关于切实解决老年人运用智能技术困难实施方案的通知》（以下简称《实施方案》），《实施方案》以老年人的现实需求为出发点，包含的具体内容与马斯洛的需求层次理论相契合，从老年人日常生活的七个场景出发，包含老年人的"生理需要"到"自我实现需要"，对老年人期待的数字帮助做了详细的部署。相比于初期缺少专门针对老年人智能技术运用的政策的情况，《实施方案》以解决老年人数字鸿沟问题为政策目标，高度重视老年人在日常生活中的数字需求和消除老年人的"数字鸿沟"与"数字排斥"，政策对象指向性强，应用场景全面详细，包括老年人日常生活的养老服务、交通出行、医疗保健、金融服务、文化、教育等多个领域。与此同时，政策逐渐关注到老年人自身数字能力的建设方面，增强了老年人作为智慧养老主体的数字照顾，倡导社会力量如社区、养老服务机构、老年大学、企业等社会力量参与到老年自身数字能力的建设之中，引导老年人掌握相关的数字技能与知识。但这一阶段将老年人彻底等同于数字弱势群体，反而忽略了智慧养老中老年人的主体性地位。

（三）转折阶段（2022年至今）：从保护走向融入

第三阶段是由保护老年人数字参与走向促进老年人与数字社会融合的转折期，仅出台保护措施并不能从源头上提高老年人的数字能力，以数字融入为目的才能根本上提升老年人的数字能力。2022年至今处于后疫情时代，在疫情防控要求下，社会治理和公共服务的数字化使用已经逐渐被老年人群体所适应，虽然"健康码""行程卡"等随着疫情防控的放开逐步成为过去式，但是智能设备与社会的黏合程度逐渐加深，那些方便老年人日常生活的智能应用和智慧养老产品不仅不会消失，而且会随着经济社会的稳定和发展不断推广革新，老年人在智能技术的使用上仍会存在助老需求。智慧养老已经不再是简单地提供智能产品，而是在疫情的演变下成为老年人生活的一部分，为老年人的衣食住行方方面面提供基础性的生活服务。在现今阶段，对老年人智能技术帮助有利于督促企业加快开发智慧养老产品、适老化环境建设等软硬件设施供给和为智能设备使用困难的老年人保留线下传统服务的包容性政策推进，同时更偏重从源头弥合老年数字鸿沟，通过为老年人开设智能技术培训、培育智慧助老志愿者服务团队、全面提升老年人数字素养的方式帮助老年人在实际生活中真正能用、会用、敢用智能设备，为老年人营造出助力数字能力提升的良好氛围，真正做到对老年人"授之以渔"。这一阶段政府部门出台的相关政策已经从保护老年人数字弱势群体向唤醒老年人数字主体性转变，开始注重老年人自身能力的提升。在未来十年，伴随着新的老年人队列的加入，其数字能力将会远胜现在的老年群体，智慧养老将会与老年人的生活越来越紧密融合。在党的二十大精神的指引下，针对老年人的数字政策也正在由"保护"走向"融入"，让老年人在提升自身数字能力中受益，真正融入智慧生活并享受数字化为老年人带来的高质量的智慧养老体验。

二、提升老年人数字能力相关社会政策内容的分析

近年来，我国关于提升老年人数字能力的政策发文数量显著增加，特别是在新冠疫情影响下，老年人数字能力问题成为亟待解决的社会问题，并持续受到关注。随着老龄化人口结构的变化，这一问题将成为长期的关注点。政策发文呈现出联合化和多主体的趋势，各部门在国务院的带领下，逐步回应老年人在不同方面面临的数字鸿沟问题。然而，尽管政策数量增加，仍需进一步探讨这些政策是否充分关注了影响老年人数字能力的关键因素，以确保政策的质量和执行效果，并实现多主体协同治理下的数字包容。

(一) 个人特征方面的政策关注

根据前文对老年人数字能力影响因素的探究，发现老年群体具有高度异质性，由于个体自身素养、身体机能、社会支持与数字感知的差异，老年人

数字能力也需要因人而异。

老年人个人特征中的学历和身体状况是影响其数字能力提升的重要因素，老年人的学历从侧面能够反映出老年人的数字素养和数字态度，老年人对于智能设备的顺利使用也取决于老年人的身体机能。提升老年人的数字素养主要是通过开展老年人数字教育和培训实现的。例如，从2016年《关于印发老年教育发展规划（2016—2020年）的通知》中提到的"开展对现有老年教育课程的数字化改造，开发适合老年人远程学习的数字化资源"，开始关注到老年人在老年教育学习上存在的数字融入问题。2017年的《关于印发"十三五"国家老龄事业发展和养老体系建设规划的通知》中提及"落实老年教育发展规划，扩大老年教育资源供给……拓展面向老年人的数字资源服务"，对老年人数字资源的获取和老年人教育做出了规划，尤其是2020年国务院出台的《关于切实解决老年人运用智能技术困难实施方案的通知》中第二十条中特别提及了要开展老年人智能技术教育，"将加强老年人运用智能技术能力列为老年教育的重点内容……帮助老年人提高运用智能技术的能力和水平"。随后人社部、老龄办、工信部和民政部等多个机构对《实施方案》提出的老年人智能技术教育做出回应，从老年教育和技能培训上做出详细部署。2022年11月，教育部在党的二十大精神的指导下重视老年人终身学习，提出持续开展"智慧助老"等活动助力老年人学习智能手机应用等教育培训活动……让老年人真正从智慧学习中受益，切身体验和享受智慧生活。

关于老年人身体机能的方面，在《关于印发"十四五"国家老龄事业发展和养老服务体系规划的通知》中提及"建立老年人能力综合评估制度"，充分了解老年人身体状况与需求，推动智能化服务适应老年人需求。其他政策文献对老年人身体机能的提升并未做出明确指示。

（二）社会支持方面的政策关注

老年人作为社会的一个重要群体，提升自身的素质离不开社会多元主体的帮助，从政策支持到社区的帮扶再到家庭的反哺，老年人数字能力提升需要从宏观到微观建立起全面的帮扶网。

首先，从政策支持的角度，针对老年人数字能力提升的政策呈现出国务院牵头、各政府部门协同治理的路径。以《关于切实解决老年人运用智能技术困难实施方案的通知》为例，通知的内容包括"围绕老年人出行、就医、消费、文娱、办事等高频事项和服务场景，推动老年人享受智能化服务更加普遍"的工作目标，这意味着需要多个部门明确责任分工，加强部门间的协同工作与信息共享，从各个方面建立解决老年数字鸿沟的长效机制。

其次，从社区支持的角度上分析，社区是目前推行我国养老服务的重要平台，在养老服务社会化中发挥着不可或缺的重要作用，同时也是老年人最主要的生活场域。在提升老年人数字能力的政策上，国家重点推进社区的智慧养老环境的适老化改造，如2020年发布的《关于开展示范性全国老年友好型社区创建工作的通知》注重改造老年人居家养老的基础设施，为老年人创造友好的智慧环境。另一个方面就是注重社区的智能技术助老宣传和教育培训的优势，提出"依托社区加大对老年人智能技术使用的宣教和培训"。此外，在住房和城乡建设部等部门提出的《关于推动物业服务企业发展居家社区养老服务的意见》中也明确了社区在智慧助老的重要作用，提出"发展社区助老志愿服务……开展社区居民结对帮扶"。

最后，家庭场域内的子女数字反哺对老年人数字能力的提升来说是相对稳定的，是中华文化中天然存在的支持力量。当前，随着我国养老责任逐渐回归"家庭化"，家庭成员的数字帮扶也成为老年人数字受助的主要途径。从问卷中得知，接受问卷调查的老年人中有64%表示希望在子女的数字反哺下提升自身的数字能力，但已有的政策措施中对家庭成员并没有提出明确的责任定位，如在《关于坚持传统服务方式与智能化服务创新并行优化医疗保障服务工作的实施意见》中提出过"畅通家人、亲友等为老年人代办的线下渠道"等政策，对家庭成员的助老要求停留在支持代办的层面，并未提倡为老年人营造友好的家庭数字反哺氛围，激励子女重视对老年人的数字需求与情感关怀。

（三）主观感知方面的政策关注

感知有用性与感知容易性极大地影响着老年人的信息技术使用，甚至由此可引发老年人的数字焦虑。通过实证同样证明，老年人主观意识上的感知有用性和感知易用性也对提升其数字能力有重要影响，当老年人对智能设备产生便于使用和对生活有用的主观感觉时，会增加老年人的数字设备使用频率，从而能够达到增强使用能力的效果。政策措施中同样对老年人的主观感知十分重视。人工智能发展初期国务院在《关于印发新一代人工智能发展规划的通知》中就提到过"加强老年人产品智能化和智能产品适老化，开发视听辅助设备、物理辅助设备等"。《关于促进老年用品产业发展的指导意见的通知》中对老年人健康监测设备、养老辅助产品等提出注重适老产品的实用性与安全性，更提倡要通过立法工作推进老年人信息无障碍工作，但缺点在于过于依赖供给型政策工具，直接供给满足老年人的接入沟的硬件设施建设，导致政策工具运用失衡，过多的智能产品的投入反而为老年人数字设备的运用带来阻碍。相比之下，政府通过信息公开政策引导老年人数字参与行为的措施更容易改善智慧养老的回应度，借助社区和企业的力量由专业人员承担智慧养老产品的接入与维护，鼓励企业对设备应用进行简化对老年人积极使用数字设备更具效能。

相比感知有用性和感知易用性的效果，政策在老年人数字安全环境的营造上更容易为老年人数字生活参与提升安全感。政府对于网络信息的监管有助于构建网络信息安全防线体系，整体净化网络空间。在2021年的《关于印发中国妇女发展纲要和中国儿童发展纲要的通知》中更是明确了对老年妇女、残疾妇女群体的数字安全能力的培养，"加强妇女网络素养教育提升妇女对媒介信息选择、判断和有效利用的能力，提升妇女网络安全意识和能力，消除性别数字鸿沟。"[①]但值得注意的是，老年人数字安全教育的责任主体更多地体现在社区等其他组织的安全教育培训和反诈宣传层面，忽视了家庭成员对于老年人智能设备使用时提供信息的筛选、批判、评论、甄别、转发等内容类的数字反哺。

---

① 国务院关于印发中国妇女发展纲要和中国儿童发展纲要的通知[J].中华人民共和国国务院公报，2021（29）：13-52.

三、社会政策进一步提升老年数字能力的必要性

（一）老年人数字能力不足的现实困境

1.科技特性下老年人数字能力不足容易将自身置于数字不利地位

智慧养老的"智慧性"在于依托先进的数字科技与数字产品得以实现，不断改良和高度专业化的科学技术是智慧养老得以数字化、智能化、可视化的决定因素。然而数字科技固有的精密性、复杂性特征必然会导致人类在资源与知识方面存在显著分化，容易导致数字时代和智能社会的结构不平衡。此外，老年人身体机能的衰退和认知能力的下降在数字化社会中往往居于"弱势群体"地位。老年人参与数字社会的媒介大多是以智能手机为代表的智能设备的使用，在使用过程中的体验经常颠覆老年人的传统生活方式和价值形态。由于数字能力的不同，老年人在智能设备的运用上也存在差异，有些老年人在接受智能设备时观念保守和封闭，甚至对智能设备产生排斥心理。这种排斥心理在刚开始表现时是对智能设备的回避，进阶到厌恶后会对智能设备产生负面情绪，退出使用甚至产生强烈的抵触行为，日积月累下老年人自身的数字排斥会加剧社会上的数字隔离，老年人容易产生社会孤独感。那些不产生排斥的老年人如果自身数字能力匮乏，缺乏提升途径，对智慧设备仅停留在初级的使用或者了解的程度，未来社会全面推行智慧养老的美好设想也会成效甚微。

2.老年群体的数字参与受社会结构的阻碍，并可引起社会排斥

老年人的主观认知和主观排斥虽然是影响其数字能力提升的重要因素，但客观的社会结构不平衡才是阻碍老年人数字能力提升的主要因素——即现有的社会结构非但无法弥合数字鸿沟，反而会固化甚至放大数字鸿沟的负面影响，产生系统性排斥。科学技术天然对弱势群体存在"挤出"效应，数字化会优先便利于需求最为急迫的、适应能力强的中青年，再慢慢辐射到老年群体。从时间上看，老年人接触智能设备较晚，接受新鲜事物时又存在迟滞性和保守性，相比年轻人缺乏时间优势；从需求上看，老年人对数字设备的

需求远不及年轻人，市场往往会优先满足需求旺盛的群体，老年人的诉求和需求会被市场和社会所忽视；从主观能动性上看，老年人自身数字能力匮乏，无法像年轻人一样充分发挥主观能动性，减少了对智能设备的使用便无法进一步充分享受智能设备带来的"数字红利"。这种不均衡的数字推进不但会放大老年人在数字生活中的困境，还容易成为老年人被数字歧视的理由，导致数字资源分布不平衡的现实。社会对老年人数字包容的降低再次固化了对老年人的刻板印象与社会歧视，引起的更大范围的社会排斥成为阻碍社会和谐稳定的恶性循环。

（二）老年人数字能力缺失的消极影响

1.老年人数字能力不足问题从"个体"走向"群体"

数字化已经成为我国社会向高质量转型的重要方式。朱力[①]认为，社会转型期会伴随着利益的获取，社会资源分配不均衡导致社会失序或社会动荡。很显然，我国过快的数字化发展导致了老年人处于数字化社会的末端，老年人自身容易产生主体挫折感，进而开始产生自我否定性的语言甚至是行为。例如，部分老年人对智能设备的使用有强烈的抵触情绪，或者老年人因为不会使用手机而开始对自我价值产生否定态度，认为自己已经与社会脱节。新冠疫情期间，"老年人没有健康码乘坐交通工具受阻""老年人不会线上预约看病难"等数字困境放大到网络形成舆论焦点，老年人数字能力匮乏加剧了数字使用沟和知识沟，老龄化与数字化的矛盾也从个人问题向社会问题发生了转变。

2.老年人数字能力不足的刻板印象不利于老年友好型社会建设

老年人社会关系和角色会随着年龄的增加和身体机能的衰退而淡化，在世人的刻板印象中，人一旦进入老年，就会成为时代的落后者、成为人们眼中"老顽固"形象。老年人自身对于数字社会的需求远不及年轻一代，能力

---

① 朱力.中国社会风险解析：群体性事件的社会冲突性质[J].学海，2009，115（1）：69-78.

的不足会降低老年人参与数字社会的活力，对网络的需求层次和规模相应减少。有一部分老年人或许是因为对智能化和数字化的兴趣不足，不愿意加入数字大军，但也存在相当一部分老年人对智能设施充满兴趣，但迫于数字素养不足被动陷入数字融入困境。数字隔离的结果使老年人产生数字相对剥夺感。随着社会对数字化的依赖程度加深，老年人的数字需求得不到正确的解读，边缘群体的意志和诉求容易在智能社会下被忽视，形成政策盲区。各类决策无法切实惠及老年数字弱势群体，老年人无法更好地参与到社会生活之中，背离了智慧社会初衷，更不利于建设共建共享共治的老年友好型社会。

3.智慧养老蓝图难以为继

首先，从智慧养老的推广效果来看，我国智慧养老服务中投放的大量智能化产品数字并未考虑到老年人的数字能力、知识水平和老年人现实需求，智能产品的技术操作性成为老年人的薄弱环节，产品设计不能以老年人的数字能力为基础，"适老性"较差，老年人对智能产品存在不敢用、不会用的心理，使得老年人内生积极性与外部控制力低下，智能化实现老年增能的效果不佳，智慧养老的普及率难以达到预期。

其次，智慧养老数据收集质量难以保障。老年人自身数字能力的不足表现在对设备的基础使用不达标、缺乏保护自身数据安全的能力、无法通过智能设备有效表达自身生理需求、精神需求和人际交互需求等，智慧养老服务是需要老年人与智能设备双向交互的。当老年人使用智能设备时才能实时地传送自身的健康数据和健康需求，如果老年人不具备使用智能设备的能力，其需求就得不到有效传达，养老数据很难实现资源的集合与共享，数据质量也得不到保证，那么智慧养老就不能为老年人的晚年带来实质性自由，反而会成为禁锢老年人生活的枷锁。

四、社会政策进一步提升老年数字能力的可行性

（一）社会政策治理老年人数字困境群体性问题的优势

社会政策在提升老年人数字能力上有显著的作用，要想厘清社会政策在老年人数字能力提升的作用机制首先要分析出为何老年人会沦为数字弱势群体。从主体层面审视，老年人在数字生活中面临的困境主要源于其生理机能的衰退及自身认知能力的局限性，而从客体维度分析，智能产品的设计与服务未能充分以老年人为核心，忽视了老年群体及特定群体的特殊需求与能力挑战。从社会环境来看，对老年人的刻板印象与社会歧视无形中强化了其弱势地位，社会尚未构建出包容性的数字环境与氛围。同时，老年人缺乏必要的"数字保护"机制，加之数字技能培训的缺失，使老年人在"数字融入"过程中面临重重困难。

政府拥有广泛的信誉和影响力，可为缩小老年人数字鸿沟提供必要的支持。一旦老年人遭遇数字融入的困境后，想要通过自身的努力摆脱弱势地位十分困难，因此亟须政府和社会的帮扶。政府是弥合老年数字鸿沟的主体，在社会中具有公信力和影响力，在基础设施建设、社会价值的营造和法律法规的完善上能够给予充分的支持，要想实现老年人与数字社会和谐相处离不开社会政策的作用。

1.社会政策在老年人数字鸿沟的弥合中发挥兜底性作用

科技的进步能够创造利益和财富的增长，但是社会资源分配的不均衡和数字不平等也会导致老年人陷入"数字贫困"之中，老年人数字贫困的本质就是老年人外在数字资源分配的不均衡与自身可行能力的不足双重作用的结果，然而这种资源不平等与内在能力不匹配是无法通过市场进行调节的，此时就需要社会政策发挥兜底保障的作用。政府应牵头带动加强互联网基础设施建设，推动电信服务设施的普及与提速降费，降低老年人数字应用门槛，保障老年人具备参与数字生活的硬件设施和基本的参与数字生活的权利，增加老年人触网的机会和条件。

2.社会政策有助于营造"老龄友好"的社会价值观念

老年人的网络话语权通常被社会所忽视，数字歧视和大众对老年人数字贫困的刻板印象对老年人数字参与的形象不利，容易引发数字新媒体的负面偏见性报道。社会政策能够为老年人营造友好的社会价值观念，通过政策的正确引导肯定老年阶段与青年阶段同样具备实现社会价值和参与社会经济发展的能力，无论在什么阶段都拥有共享科技发展成果的权利。社会政策能够在全社会范围内注入数字公平与数字包容意识，同时为老年人营造终身学习的社会氛围，不仅从环境上为老年人提供继续学习的各种设施和机会，还可以从老年人的思想观念上助力老年人数字融入。

3.具有约束力的立法措施可以为老年人提供安全参与数字技术的环境，同时政府在其中扮演"监管者"的角色

完善立法可以有效打击网上非法发布虚假和欺诈信息的行为，提高老年人对互联网信息安全的认知，加强安全上网的宣传，进而创造一个安全的网络环境。此外，法律的保护也扩展到老年人的数字隐私权、数字信息权、发展权以及新的数据和信息权等方面，使得社会问题可以转化为法律问题，从而为老年人提供强有力的法律保护。

（二）老年数字能力相关政策初见成效

在应对老年人所面临的数字化挑战方面，全国老龄办积极行动起来，发布了《关于开展智慧助老活动的通知》。该通知决定用三年的时间开展智慧助老活动，旨在促进老龄化社会的信息获取，提高老年人使用智慧技术的获得感、愉悦感和信心。同时，还将采取具体措施开展智慧助老活动，以期有效解决老年人数字化难题。"2021年国务院发布《关于切实解决老年人运用智能技术困难的实施方案》后，各政府部门围绕《实施方案》提出的要求做出相应部署"[1]，针对老年人现实生活的七个场景做了详细的方案规划，从老

---

① 江颖.老年教育数字化空间生产：源流、体现及其路径转向[J].教育与职业，2023（19）：86-93.

年人的"生理需求"到"自我实现需求"开展全方位的助老行动，在全国范围内掀起了适老化改造和助老行动热潮，切实改善了400万老年人面临急迫的数字困境，在国家发展改革委发布的第一批运用智能技术服务老年人示范案例名单，包括14个示范项目，如上海的"数字伙伴计划"、江苏省的"小江家护"、山东省的"亲情E联"等项目[①]，并在全国掀起了公益助老热潮。这些范围广、主题多、内容形式丰富的试点项目深化了智慧助老实践效果，也为今后社会政策的改革提供了丰富的经验。

（三）提升老年人数字能力的社会政策仍需关注的问题

（1）侧重于解决硬件基础接入问题，忽视老年人的主体意识和个体差异。服务于数字接入的政策工具以公共服务、科技信息支持、基础设施建设为主，主要实现"保基本"目标，为老年人接入相关产品、服务提供基本条件。[②]而老年人数字能力建设的社会政策仅停留在提供智慧养老产品和适老化改造层面，缺乏对老年人主体意识与数字感知方面的关注。

（2）对老年人数字能力的提升仅停留在老年数字教育层面，而且除了政府支持之外，其他例如社区助老培训等社会支持开展缓慢甚至没有开展，老年人获助途径少。此外，政策倡导借助社区和大学等外界力量开展数字技能培训，忽略了家庭数字反哺和朋辈互助的积极作用。只有带动多元主体共同构建社会支持网络，老年人数字能力才能得到全方位的提升与巩固。

（3）提升老年人数字能力的主体责任分工不明确，政府提供的供给型政策过多，而立法性政策缺位，缺乏从法律法规的角度为老年人筑牢数字使用安全网，对提升老年人数字能力的顶层制度设计有待完善。另外，社区的宣传培训工作过于表面，其落实程度和提升能力的效果仍有待加强。社区针对老年人智能技术培训工作还落实不到位，许多老年人表示并没有接触过相关

---

① 曾粤亮，韩世曦.政策工具视角下我国老年人智能技术运用政策文本量化研究[J].情报资料工作，2023，44（2）：73-83.

② 曾粤亮，韩世曦.政策工具视角下我国老年人智能技术运用政策文本量化研究[J].情报资料工作，2023，44（2）：73-83.

培训活动。除此之外，对家庭的数字反哺责任督促不到位，没有相应的家庭激励机制，难以形成"自主式"的数字反哺意识。

五、老年数字能力的社会政策支持优化

（一）唤醒主体意识：制定以老年人个人特征为导向的数字包容社会政策

在智慧养老的背景下要对互联网有清楚的认知：每个人都有权利决定自己是否要加入数字社会之中，所以政策和制度设计必须提供公平的选择而不是代替选择。为了确保影响老年人数字能力的个人特征得到充分的考虑，应尽力整合社会力量、采用个性化方案，唤醒老年人在智慧养老中的主体意识。

1.继续推进符合老年人个体特征的适老化改造政策

我国目前的适老化政策集中于基础硬件设施的推广和使用上，主要通过数字设备来完善智慧养老服务，忽视了老年人个体特征带来的使用不便。

老年人身体机能的衰退对数字能力的影响是老年人数字能力提升的主要障碍，表现在自身听觉、视觉、记忆力等各器官功能的钝化。适老化改造的目标应该致力于消除器官功能钝化带来的不便，而不是将适老化改造变成智慧养老推进的硬性指标。政府要引导适老化政策向关注老年人个体特征转变，引导适老化改造关注老年人主体性，站在老年人角度考虑适老化改造为老年人带来了哪些不便。在后续适老化改造中，社会政策应该在关注老年人的现实需求和个人特征下提供相应的硬件或者软件产品的改造。提供硬件设备的供给时充分考虑老年人的普适性，如是否有一键操作功能和老年简化模式等。应用软件的供给上要注重老年使用的可及性，如设计老年人通用的老年标识、用图表代替复杂的文字和算法，或在智能产品中加入声控功能，直接帮助老人免去学习文字输入和操作系统的烦琐等，优化社会政策目标，让适老化改造能够真正为老年人所用。

2.通过社会政策引导强化老年人数字应用场景

老年人在学习数字操作技能时经常受到记忆衰退困扰，努力学习的数字技能经常需要经过长期反复的场景运用得以巩固，因此需要增加老年人数字技能应用场景。

第一，社会政策应该引导智慧养老优化软件服务，为老年人拓展更多的网络应用平台，加强数字化应用场景，如数字化医疗、数字化文化娱乐、数字化金融服务等，让数字服务不再是青年人的专属品，让老年人更便捷地加入进来。

第二，社会政策应引导整合社区和其他非政府组织定期为老年人提供数字培训，通过鼓励和提供数字技能培训的方式，如建立迎合老龄需求、契合老龄特质的老年数字能力培训体系，鼓励社区图书馆、老年大学、社区老年护理机构等为老年人提供数字教育资源，定期为社区老年人提供诸如"手机课堂"等智慧助老培训项目，保证老年人的数字技能巩固和数字运用场景再现，将"智慧"理念渗透到老年人的日常生活中，帮助老年人克服身体机能缺陷带来的数字能力难以提升的情况。[1]

除此之外，引导智慧养老的推行在追求速度的同时要保证温度。对由于学历原因导致数字能力不足的老年人要实施包容政策，保留线下传统服务窗口的开放，在不给老年人造成额外负担的前提下继续加强适老化改造，使其共享智慧化数字成果。

（二）多元主体参与：共建共治共享社会政策理念下促进老年人数字能力提升

"共建"原则要求政府、公民和社会组织等多元平等主体，在发挥各自优势的基础上，通过协同合作，共同为老年人数字鸿沟治理方案的提出做出贡献，把老年人数字能力的被动救济转换为主动提升，实现数字鸿沟治理效

---

[1] 罗强强，郑莉娟，郭文山，等."银发族"的数字化生存：数字素养对老年人数字获得感的影响机制[J].图书馆论坛，2023，43（5）：130-139.

能的最大化。"共治"包括政府、公民和社会组织在内的各方要在数字鸿沟治理中发挥各自的作用，形成合力，共同解决社会问题，实现社会的和谐与稳定。政府不仅要发布政策对老年人数字困境进行专项式整治，还应该为多元主体搭建合作式框架，带动其他社会支持力量对老年人数字参与增权赋能，融合社区、家庭、市场、社会组织等社会力量共建智慧养老蓝图。要明确"共享"不仅是红利的共享，也是责任和损失的共享，老年人作为社会主义建设曾经的主力军，在转向高质量发展的道路上更应该享受社会回馈给他们的福利，国家有责任和义务为老年人的高质量生活做出努力。

1.以社会政策引导正确的数字反哺

不可否认，家庭对老年人的行为和意识产生着最为深远的影响。在这一过程中，家庭数字反哺逐渐成了促进老年人数字技能发展的内生动力。来自家庭的支持在提升老年群体数字能力上发挥着基石的作用，老年群体接受来自家庭成员的数字能力教学，逐步适应数字化社会的效果是最快最显著且最容易实现的。子女对老年人数字使用的态度很大程度上影响老年人的数字参与行为，子女如果在为老年人提供数字帮助时出现不耐烦态度或者其他家庭成员教授数字技能时表现出的蔑视心理都有可能导致老年人的数字畏惧。

第一，政策应当在社会范围内弘扬正确的家庭数字反哺价值观，重塑社会文化核心，引导全社会尊重老年人数字参与的主体地位，形成老年人是数字生活平等主体的社会共识。同时鼓励子女向父母提供良好的数字反哺态度，老年人减轻数字自卑感。

第二，政府在社会范围内加强数字反哺的宣传，通过电视、海报、公益广告等方式，激发子女数字反哺的认同感，打破老年人是数字弱势群体的刻板印象，让老年人最大程度地获得来自家庭的情感支持。

第三，对于无法获得数字反哺的空巢老人或者独居老人，可以由政府可以建立公益性数字反哺平台或者建立志愿性数字反哺组织，通过面对面、手把手地指导智能产品的使用提升老年人的数字能力，鼓励青年一代自主帮助老年人，形成助老敬老的优良风尚。

2.社会政策引导下强化社区线下帮扶效能

社区作为基层社会治理的重要组成部分，在新冠疫情的应急管理中发挥了很大的作用，因此社区的线下数字帮扶能够为智慧养老的建设和完善老年人社会支持网络的构建助力。社区作为社会政策的执行主体之一，存在相应的自主性且容易在政策执行中产生偏差，社会政策要积极引导社区主动参与到老年人数字能力建设上来。社区在社会资源上具备整合能力，通过社区整合社区内基层党员、社区工作者和志愿者的力量，设立社区数字扫盲中心，提供数字技能培训帮助老年人运用数字设备和设施，如电脑、平板、智能手机等。除此之外，社区还可以与企业、高校、志愿者协会等其他社会组织联合开展专题宣传会，对老年人感兴趣的网络购物、健康保健、在线问诊、数字诈骗等内容详细讲解，增加老年人的数字愿景，提高老年人对数字化时代的认知和接受度，让老年人更加主动地参与数字化社会，减少数字鸿沟的存在。此外，老年人也容易受到朋辈群体的行为、观念影响，一般与同龄群体、邻里间有更多的沟通、有较多的共同语言和相同的数字经历，因此可以引导社区牵头，组织老年人内部的经验分享会和数字交流活动。老年人在相互交流中激发自身提升数字能力的好胜心与欲望，在数字文化知识方面扩展广度和深度，发挥老年群体的人际关系网对于老年数字鸿沟的治理作用。

3.由单一行政规范向综合政策治理转变

政府需要考虑如何从长效机制提升老年数字能力，实现数字包容。综合政策治理需要结合经济、行政、法律、技术手段为智慧养老的开展形成长效保护网，巩固现有数字包容成果，防止"昙花一现"。

（三）改善数字感知：社会政策引导下建立老年友好型智慧养老环境

政府不仅要提供智慧服务，还要重视老年人智慧养老社会环境的建设，优化老年人在数字社会的参与空间，改善老年人的数字感知，肯定老年人的数字学习行为，消减老年人在智慧养老中的数字获得感钝化。

1.通过社会政策规范数字市场适老化与便捷化导向

老年人的数字感知直接来源于数字产品的使用体验和老年人数字融入氛围的传达。因此，市场供应老年智能产品或者构建智慧平台时往往会优先考虑普通受众的数字需要，忽视了老年人在内的部分数字群体，尽管工信部多次提出适老化改造的要求，适老化仍无法完全契合老年人实现数字参与的期待。这充分证明市场在适老化改造中的逐利性。

社会政策要引导市场优先考虑老年人的数字需要和对智能产品的体验感，即关注智能产品自身对于老年人的有用性和易用性。政府要在智慧养老建设中凸显"科技产品适老化"和"智慧服务操作便捷化"的应用导向，鼓励企业在开发新智能应用和产品时考虑到老年人自身的数字能力情况，主动在硬件与软件应用中为老年特殊群体提供如"长辈模式""大字模式"等选择，提升涉老科技适老化和服务人性化水平，关注老年人在获取智慧养老服务时的体验感。

2.提升老年人自我效能

提高老年群体对数字技术的自我认知能力，肯定老年人的数字参与行为，尊重老年人的主体意识，增强老年人的数字获得感。

首先，转变部分老年群体固有的"数字弱势群体"思想，重塑老年人的数字价值观，社会政策引导全社会消除老年人的"数字贫穷"刻板标签，打造尊老敬老的社会文化，给予老年人相应的数字尊重。

其次，明确老年群体在数字信息获取中的主体性作用。政策可以通过各种途径激发老年群体学习网络技术的兴趣和学习数字技术的求知欲，如参与数字能力培训和老年数字技能竞赛后获得相应资格证书或形成奖励机制，鼓励老年群体主动参与数字技能的学习与智慧养老服务的获取。

最后，政策要引导科技企业在研发推广智慧养老应用和产品过程中应始终坚持"数字底线思维"，确保每一个老年人都能实现智慧养老相关数字设备的基础操作。通过增加使用频率缓和老年人使用智能产品时的畏难情绪，为其营造友善便捷、安全放心、数字健康、共享互助的老龄化友好数字环境，妥善处理老年人在享受智慧养老服务时不敢用、不愿用的问题，确保老年人在数字使用中的自我效能。

（四）消除数字风险：社会政策筑牢老年数字安全网

1.建立完善老年人数字保护政策

强大的数字保护网能够消除老年人数字参与的恐惧心理，有助于提升老年人数字安全能力和意识。有力的数字保护政策与完善的网络监管体系能规制当前复杂多变的互联网社会。

首先，从政策上要深化顶层设计，推动网络信息安全相关的权威性政策文件落地，给予老年人最大程度的网络信息安全保障，从根源上为老年人数字参与提供保护。可以借鉴国外网络信息安全内容，如欧盟的《通用数据保护条例》、德国的《信息技术安全法》等。2017年6月1日生效的《中华人民共和国网络安全法》第13条强调要确保未成年人的安全网络环境，基于同样的理念，需要增加专门针对老年人的网络信息安全保护条款。

其次，要建立完善的网络监管体系，严厉打击老年人在进行数字活动时容易产生的网络诈骗、个人信息盗用、金融诈骗等网络犯罪行为，整治互联网乱象，还老年人一个干净安心的网络乐土。

2.完善相关社会保障体系

继续深化我国的养老保障和医疗保障体系建设。老年人遭遇数字诈骗的情况多半是发生在对金钱和医疗保健的盲目追求上。老年人在退休后获得的养老保险相比工资有所减少，甚至有的老年人没有养老保险，当网络上出现"免费领红包"这种诈骗操作时，最先上当的一定是缺乏数字能力的老年人；同理，老年人对"保健药品""养生偏方"的痴迷也暴露了医疗保障体系的缺点。因此，有必要进一步完善我国养老保障和医疗保障体系，继续扩大养老保险和医疗保险的统筹范围，实现社会保障体系的全覆盖，同时适当提高社会保障的标准与水平，增加相应的老年人数字补贴或者退休金。另外，建立智慧医疗等平台，为老年人提供专业权威的医疗保健服务和健康信息管理，减少老年人遭遇数字诈骗风险的概率。

3.重视老年人数字安全意识与素质培养

老年人数字能力的全面提升需要保障老年人的数字安全，消除老年人触网的担忧。增强老年人自身的网络安全意识是最直接有效的方法，具体措施包括在社会范围内定期组织网络安全宣传会等活动，向老年人普及网络安全知识，提高他们的数字判断能力和自我保护敏感度。此外，建立专门的网络安全意识教育网站也是一种有效的手段，通过网络平台向老年人传播网络安全知识和提供各种保护策略和技巧，帮助老年人更好地应对网络安全威胁。同时，也需要加强老年人的数字素养培养，提高其对数字社会的认识和理解，以更好地保护自己的信息和隐私安全。

第二节　践行文化反哺与朋辈互助

一、文化反哺

（一）文化反哺概述

在传统社会中，通常是青年一代主动适应年长一代，但随着社会变迁，长辈也逐渐接受晚辈的影响。文化反哺的现象在中国社会中得到了广泛关注。文化反哺现象的出现是由于社会在短时间内发生急剧变迁，导致代际间存在巨大的落差。亲代受到传统观念和经验的束缚，不如子代在新事物的接受上具有较高的敏感性和吸收能力。[1]子代通过媒介获得"反哺"能力，是文化反哺的重要途径。此外，现代家庭结构的变化，如小型化家庭和独生子女家庭的普遍化，也推动了文化反哺的形成。

---

① 刘郁.从文化反哺视角看家庭情感沟通功能的再建[J].贵州大学学报（社会科学版），2011，29（5）：128-133.

文化反哺使亲代了解更多知识，开阔视野，提高社会适应能力，同时加重了年轻一代的历史责任感，最终有利于两代人的共同成长。

随着数字时代的到来，数字技术层面的文化反哺研究成为热点。现代社会的代际鸿沟在很大程度上表现为数字代沟，文化反哺主要通过数字反哺来实现。数字反哺是年轻世代在数字接入、使用和素养上对年长世代的教辅行为，包括接入反哺、技能反哺和素养反哺三个维度。家庭是数字反哺的主要发生场域，年轻人作为"年轻的专家"在家庭中传授数字技术知识，帮助年长世代适应数字生活。

数字反哺被视为一种互动的过程，能够增进家庭成员间的联系，维系家庭亲密关系。国内外学者的研究表明，数字反哺在国内外普遍存在，受个体的人口特征如年龄、收入和教育程度等因素影响。数字反哺促进了家庭权力关系的双向权威化，使家庭关系更加平等和谐，增强家庭凝聚力。

数字反哺的影响超越了家庭场域，在社会上也存在代沟与反哺。无论是静态的社会整合还是动态的社会延续，这种反向代际学习模式在互联网移民和原住民之间形成了一种新的代际关系，对于社会的整体发展具有重要意义。

（二）文化反哺的理论基础

1.文化反哺理论

"文化反哺"这一概念最早由周晓虹教授在1988年发表的《试论当代中国青年文化的反哺意义》中提出。[①]该概念指的是在快速的社会文化变迁中，年长一代向年轻一代广泛吸收文化的过程。这一现象打破了传统的单向文化传递模式，呈现出一种双向甚至多向的交流和影响过程。周晓虹后续的研究，如《文化反哺：变迁社会中的亲子传承》《文化反哺与器物文明的代际传承》《文化反哺与媒介影响的代际差异》等，进一步深化了这一理论，详细探讨了文化反哺的各个层面，形成了较为完整的理论体系，成为本土化理论建构的重要成果之一。

---

① 周晓虹.试论当代中国青年文化的反哺意义[J].青年研究，1988（11）：22-26.

文化反哺的核心内容和影响可以分为三个层次：器物层面、日常行为层面，以及生活态度和价值观层面。这三个层次展现出由浅入深的文化影响过程，其中在文化的表层（日常行为或器物层面）影响最为明显。随着数字技术的发展，文化反哺的研究逐渐聚焦于数字领域，形成了器物反哺、技能反哺、数字价值反哺三个维度。

（1）器物反哺：指的是数字设备的普及。老年人由于生理和心理上的限制，通常对新兴技术感到陌生和不确定，容易产生"技术恐惧"。因此，大部分老年人难以主动了解和购买数字设备。在这种情况下，他们的子女——"数字移民"——成为引导者，帮助他们接入数字化社会。器物反哺通常从购买智能手机、安装家庭宽带等基础设施开始，是子女帮助老年人迈入数字时代的第一步。

（2）技能反哺：这一层次涉及老年人学习使用数字设备的技能，如智能手机的基本操作。微信作为最广泛使用的通信工具，成为技能反哺的初始平台。老年人通过学习如何使用微信的基本功能，如发送消息、视频通话等，逐渐适应和掌握更多功能，如发朋友圈、发红包、转发信息等。技能反哺的广度和深度影响着老年人能否充分利用数字技术，以及他们在数字社会中的生存体验。

（3）数字价值反哺：指的是老年人在心理和态度上接受数字化社会的变化。老年人只有在思想观念上接受数字化，乐于探索新的生活方式，才能算真正融入数字社会。不仅是技能上的学习，更是价值观和生活态度的调整。

2.代际支持理论

代际支持是家庭内部不同代际之间资源双向流动的过程。费孝通指出，在中国传统文化中，家庭的代际支持模式通常表现为子代赡养亲代的反馈模式。代际支持包括经济支持、生活照料和情感慰藉三个方面。[①]在现代社会，代际支持的内涵有了新的发展，特别是在数字化时代，家庭互动呈现出新的

---

① 王积超，方万婷.什么样的老人更幸福？——基于代际支持对老年人主观幸福感作用的分析[J].黑龙江社会科学，2018（5）：77-87+160.

特点。

数字时代的代际互动主要体现在数字技术的学习与使用上。年轻一代通过向老年人教授数字技术，帮助他们克服"数字鸿沟"，实现数字化转型。这种数字反哺不仅帮助老年人更好地适应现代社会，也在家庭内部构建了一种新的互动模式，增强了家庭凝聚力。

代际支持的三个主要维度——经济支持、生活照料、情感慰藉，与数字反哺密切相关。在家庭内部，子女向父母提供数字设备（经济支持）、教授使用方法（生活照料），以及通过数字平台保持沟通（情感慰藉），共同促进老年人的数字化生活。不仅满足了老年人对现代信息技术的需求，也增进了家庭成员之间的情感联系。

总的来说，文化反哺和代际支持理论共同为我们理解数字时代家庭内部的文化传递和互动提供了有力的框架。通过这些理论，可以更好地认识老年人如何在数字化过程中获得支持和指导，以及这对家庭和社会的影响。这种新型的文化传递模式不仅有助于弥合代际间的数字鸿沟，还能促进代际间的共生与和谐，最终推动整个社会的进步与发展。

（三）文化反哺的发生机制

文化反哺理论的提出与发展提供了理解代际文化传递的重要视角。通过不断研究，文化反哺被细化为器物层面、日常行为层面，以及生活态度和价值观层面的反哺。这一理论逐渐形成了一个较为完整的体系，成为分析社会文化传递和变迁的有力工具。

文化反哺的发生机制与代际差异密切相关。网络社会和新媒介技术的变革为数字化生存提供了新的机会，但也加深了代际差异。老年人在数字技术上的缺乏使他们在信息获取、文化偏好等方面与年轻人之间形成了代沟，这种差异为文化反哺提供了生存土壤。新媒体技术成为文化反哺的催化剂，代际间围绕数字技术的学习和使用而展开的互动推动了文化反哺的发生。数字化建设的推进和新冠疫情的影响进一步强化了这种趋势。老年人面临日常生活和社会活动的数字化要求，不得不通过学习数字技能来适应新的环境，这也推动了文化反哺的进程。

家庭场域是文化反哺的重要实践空间。家庭是社会的基本单位，代际成员之间的亲密关系为文化反哺提供了天然的基础。现代家庭场域已被数字新媒体所改造，形成了虚实交融的互动场景。在这一领域中，代际互动不仅限于面对面的交流，还包括线上和线下的结合。这种互动形式为文化反哺提供了更多的可能性，但也面临着老年人数字化水平参差不齐、子女时间精力有限等挑战。然而，不论形式如何变化，文化反哺的核心依然是代际成员之间的深厚情感联结。在家庭场域中，子女帮助老年人适应数字化生活，不仅是对父母的回馈，也是对新形势下孝道文化的现代诠释。家庭为文化反哺提供了实践空间，也在数字化背景下重塑了代际关系。

（四）文化反哺赋能老年人数字化生存的路径

文化反哺的现实功能体现于其成效，即老年人能够从中获得什么。对老年人进行信息技术的反哺让他们在互联网的连接中开启了更多的空间和可能，使他们作为相对边缘化的社会群体，能够有能力去改变自己的处境，满足自己的各种需要，这也是"赋能"的内在含义。[①]

从功能性的角度来看，数字化给老年人带来了显著的工具赋能，尤其是在出行和生活方面。智能手机仿佛成为现代城市老年人的"赛博拐杖"，为他们在数字化的道路上提供支撑和保障，使日常生活更加便捷。老年人在使用智能手机时，最直观的感受就是"方便"，这主要体现在信息获取、联系沟通以及移动支付三个方面。数字技术为老年人提供了更广泛的信息获取途径，使他们能够及时获取所需信息；同时，智能手机的通信功能让他们能够轻松联系亲友，打破地域的物理空间限制；移动支付的普及则让老年人能够更加便捷地进行日常消费。这些功能极大地提升了老年人的生活质量，让他们更加舒适地享受现代生活的便利。

社交赋能是数字化生存赋予老年人的另一个重要方面。传统的社交方式主要依靠面对面的沟通，而新媒体的发展为老年人提供了一种缺场的社交方

---

① 朱彦卿.文化反哺：城市老年人数字化生存的可行路径[D].中共江苏省委党校，2023：23.

式，即通过互联网进行跨地域的交流互动。老年人通过微信等社交软件，能够与亲友保持联系，满足了社交需求。这种新型社交方式不仅扩展了老年人的社交圈，还让他们能够通过微信朋友圈、抖音等渠道，表达自己的观点和情感，提升了自信心和社会融入感。特别是代际的数字化互动，打破了传统亲密关系的界限，使老年人与年轻一代之间的交流更加灵活，增强了家庭内部的情感联结。

信息赋能是数字化生存赋予老年人的第三个重要方面。在现代信息社会中，信息获取能力是一项基本技能。智能手机为老年人带来了海量的信息资源，极大地拓宽了他们的视野。通过网络，老年人可以学习新的知识和技能，丰富自己的生活。不仅帮助他们更好地适应退休生活，还能参与社会热点话题的讨论，增加社会参与感。信息赋能帮助老年人实现再社会化，使他们能够更好地融入社会，减少因信息不对等而产生的社会排斥感。

总体而言，数字化生存的工具赋能、社交赋能和信息赋能共同构成了文化反哺赋能老年人的核心路径。这些赋能特质帮助老年人克服了数字鸿沟，实现了更高水平的社会参与和自我价值的实现。这不仅仅是技术的进步，更是社会关怀和文化传承的一部分。在数字化时代，如何进一步强化和拓展文化反哺的路径，确保老年人能够充分享受到数字化带来的便利和机遇，是社会各界共同面对的课题。

二、朋辈互助

（一）朋辈互助的概念

朋辈互助是一个源自班杜拉的社会学习理论的概念，最初指的是学生之间通过各种行为相互施加心理影响，使参与者的心理素质和团队合作能力朝着积极的方向发展。这种学习活动有助于培养和增强个体的心理素质和团队合作能力。[1]在本书中，朋辈互助的方式被定义为：具有相同背景或因某种原因有共同语言或年龄相近的个体在一起分享信息、观念或行为技能，实现相互帮助和共同成长。这种互助方式特别强调共同背景和共享经验的重要性，通过这些共通点，朋辈间可以更容易地交流、理解彼此的观点和感受，从而更有效地提供支持和帮助。

（二）家庭和社会支持能力塑造

1.家庭代际数字反哺的基础作用

家庭作为一个缩小版的智能社会，逐渐成为老年群体数字能力培养的内生性力量。家庭环境对老年人的行为和意识具有深远的影响，而家庭代际间的数字反哺对于缓解老年群体的数字贫困问题至关重要。这一举措在提升老年人数字素养的过程中起着最为直接且基础性的作用。通过家庭成员的悉心指导，老年人能够逐步适应并融入数字化社会中。

然而，当前家庭在数字反哺方面的作用尚显有限，这主要归因于年轻一代因忙于工作与学习，难以腾出足够的时间陪伴老年人。即便是在下班回家后，年轻人也往往沉浸于智能设备的使用中，从而忽略了与老年人的交流与陪伴，使老年人感受到孤独与边缘化，进而可能转向外界寻求支持，这无形中增加了他们遭受诈骗的风险。

尽管年轻一代在物质层面能够为老年人提供必要的支持，但在帮助老年人跨越信息鸿沟、融入信息社会方面，家庭的数字反哺无疑是最为直接且有效的途径。通过子孙辈面对面、手把手的耐心指导，老年人不仅能够更加积极地接受并学习新知识，这一过程也有助于加深家庭成员之间的情感联系，促进家庭关系的和谐与稳定。

因此，我们呼吁年轻一代应更加关注老年人使用互联网的需求与困境，充分利用自身对网络的熟悉与掌握程度，积极承担起帮助老年人融入数字化社会的责任与使命。通过共同努力与协作，有望为老年人创造一个更加友

---

① 金佳子.弥合上海老年人数字鸿沟的朋辈互助方式研究[D].华东师范大学，2022：19.

好、包容的数字化生活环境。

2.强化社会"朋友圈"中的数字教育实践

在社会层面，社区作为构建数字教育生态的基础单元，应当充分发挥其资源整合能力，积极调动基层党员、社区工作人员及志愿者的力量，设立专门的社区数字文化活动中心，策划并执行一系列丰富多彩的数字文化活动。同时，社区应主动寻求与企业、高等院校及社会服务组织的合作，共同为老年群体量身打造高质量的数字培训课程，以切实提升其数字技能水平。

社区服务的内涵远不止于生活照料与医疗支持，它还应涵盖文化娱乐等多个维度。为此，社区可通过设置数字知识宣传黑板、张贴网络防诈骗海报、举办免费的老年数字技能培训班以及推荐适用的智能设备等方式，全方位、多层次地为老年群体提供数字服务支持。这些举措不仅有助于老年人更好地融入数字时代，还能有效增强他们的网络安全意识与自我保护能力。

值得注意的是，老年群体在日常生活中除了与家人保持紧密联系外，还常常与同龄朋友或邻里进行互动。因此，同龄群体间的相互学习与交流对于促进老年群体数字文化知识的普及与数字鸿沟的弥合具有不可忽视的作用。家庭关系网络与社会关系网络在治理老年数字鸿沟问题中扮演着至关重要的角色，应得到充分的重视与利用。

第三节　提高老年人社会服务与素养

一、社会多元协同助力老年人数字融入

推进智慧助老教学服务是加速老年人数字融入进程的关键措施。社区应

当积极构建老年活动中心或社区老年人服务站点，紧密围绕老年群体的实际需求，策划并实施一系列"智慧助老"服务活动，涵盖线下公益讲座及微课堂等多元化形式。这些精心设计的活动旨在拓宽老年人的数字视野，提升其数字技能水平。

具体而言，可通过充分利用老年大学、敬老院等既有资源，采取现场实操演示、深入浅出的案例分析教学以及志愿者一对一精准辅导等多种教学手段，为老年人系统传授信息通信的基础理论知识与实践操作技能。同时，为确保学习成效，还可实施定期的学习成果检查机制，以巩固老年人的学习成果，促进其持续进步。

对于出行不便或独居的老人，可以开展志愿者上门服务，通过面对面、手把手的教学方式，帮助老年人解决日常使用智能设备时遇到的问题。上门服务还可以包括预约、缴费、办理业务等，确保老年人在家门口即可享受便捷的智能生活。此外，推动人工智能与养老产业的融合，打造综合服务平台，为老年人提供居家养老、社区护理、医疗保健等一站式服务，满足老年人的多样化需求。

社区、企业和社会组织可以合作，利用互联网信息技术和移动终端，建立专门面向老年人的志愿者服务平台。通过这个平台，组织志愿者进行专业培训，开展智慧助老志愿服务活动。通过结对帮扶，志愿者可以一对一长期为老年人提供数字问题解答和服务协助，帮助他们更快掌握数字技能，提升个人数字素养。

此外，打造老年人数字交流圈也至关重要。鼓励有数字能力需求的老年人聚集在一起，使他们可以相互学习、互相鼓励，朋辈之间的交流有助于减少隔阂，改变老年人对互联网的看法，激发他们的学习积极性，使信息通信技术成为老年人拓宽社交圈的重要工具。

二、数字服务友好能力提升

（一）网络平台和智能产品的适老化创新

1.智能设备的软件适老化创新

推出专为老年人设计的App版本。例如，2021年6月10日，支付宝推出的"长辈模式"简化了界面，并调整字体大小以适应老年人的视觉需求。中国铁路系统推出的12306爱心版也为老年人提供了更大字体和简洁的功能设计。上海养老康复医疗博览会上展示的如大小便护理机器人、智能看护系统等一系列适老产品，表明智能技术可以为老年人提供更加贴心的服务。在北京房山的万科随园，老年人通过"智慧大脑"V-Care智慧照护平台就能解决大多数生活中的问题。

2.网络内容的适老化

目前网络上的主流内容多为年轻群体设计，老年群体的需求往往被忽视。因此，亟须积极创作适合老年人的个性化媒体产品和栏目，以满足他们的网络需求。智能技术正在逐渐构建呵护老年人的场景，使养老服务不仅仅是生活保障，更是提升生活质量的关键。

（二）保留和加强线下传统的服务设施建设

在信息化社会中，一些老年人因年龄和文化水平的限制，难以融入数字社会。他们往往无法适应数字化生活的基本条件。因此，社会必须为这一特殊人群提供基本生活保障。在推动线上适老化建设的同时，不应忽视线下传统服务设施的建设，以确保所有老年人都能公平享受社会资源和公共服务。

具体来说，地铁、车站、银行、医院、邮政、电信、政府办事大厅和生活缴费处等公共场所应保留传统的服务渠道，并配备引导人员和咨询窗口，简化流程，以便不使用智能设备的老年人也能方便地获得服务。此外，可以在医疗挂号、交通购票等场所设置专门的老年绿色通道，使老年人不受线上操作的限制。

通过各级政府和社会组织的协同合作，建立老年教育网络，帮助老年群体融入新集体，提供心理支持和慰藉。这些措施不仅有助于解决老年人的实际问题，也在整个社会层面上促进了老年人的数字融入，帮助他们更好地享受现代社会的便利和福祉。

三、老年人数字素养的提升

（一）老年人数字化学习能力结构的"三要素"

老年人的数字化学习能力结构可以从三个要素进行分析：数字化学习知识、数字化学习技能和数字化学习态度。

1.数字化学习知识

老年人在数字化学习过程中所获得的知识包括先前生活和学习中积累的通识性知识以及数字化学习过程中新获得的专业知识。这些知识不仅包括识字和打字等基本能力，还涉及如何处理和操作数字化设备。例如，老年人需要了解如何处理电脑故障，如何使用智能手机上的应用程序，以及如何在互联网中获取和分享信息。个体的性别、年龄、职业、学历等特征对其知识体系有一定影响，同时，随着年龄的增长，老年人在感知力和记忆力方面可能有所减退，但其判断力和推理能力通常会有所增强，这与老年人丰富的生活经验密切相关。

2.数字化学习技能

随着数字技术的普及，许多传统的生活方式被数字化所替代，给老年人带来了挑战。例如，新冠疫情期间的健康码检查让没有使用微信的老年人感到不便。通过学习，老年人可以逐渐掌握如截屏、屏蔽广告、打字、共享信息等数字技能，这些技能不仅可以提高他们的数字化能力，还能增强他们在日常生活中的独立性和自信心。

3.数字化学习态度

态度是外部刺激和个体反应之间的中介因素，通常由认知、情感和意图三部分组成。在数字化学习过程中，老年人需要具备开放的心态和积极的学习态度。这种态度不仅包括对新技术的接受和尝试，还体现为他们对数字社会的融入和参与感。有些老年人表现出强烈的社会责任感和奉献精神，积极参与数字化学习，而另一些老年人则对数字化学习持拒绝态度。学习态度影响着学习的自我效能感、学习参与和学习动机，从而直接影响学习效果。

（二）老年人数字化学习能力结构的"六维度"

随着信息技术的发展和社会的数字化进程，老年人逐渐成了需要适应和学习数字技能的群体。老年人数字化学习能力的提升不仅有助于他们更好地融入现代社会，还可以丰富他们的生活，提高生活质量。

1.数字信息处理能力

数字信息处理能力是老年人数字化学习的基础能力，是他们在数字化环境中进行学习和操作的前提条件。这一能力包括信息浏览、信息搜索、信息筛选和数据分析等多方面的技能。在实际生活中，老年人常常需要处理各种数字信息，例如，在"网络购物中的同伴学习"这一情境中，一位老年人表示她经常教朋友如何在网上购物，并会对比不同平台的价格，选择最划算的购买方式。这表明她具备较强的信息浏览和信息搜索能力，能够从众多信息中筛选出对自己最有利的部分。另一个例子是"就医过程中的数字化学习"，老年人通过扫码、缴费等数字化操作，逐渐熟练掌握这些技能，提高了生活便利性。

此外，"网课中的数字化学习"也是一个典型的场景，老年人通过回看网课视频，弥补了对新技术操作不熟练的不足。这些实例说明，老年人在日常生活中接触和处理大量数字信息，具备数字信息处理能力能够帮助他们更好地利用这些信息，提升生活质量。

2.数字问题解决能力

在调研中，有老年人提到，他们在使用数字工具时主要依靠自己摸索和感悟。例如，在学习如何使用新软件时，他们通常会通过自我探索来掌握新技能。然而，老年人在数字化学习中的问题解决能力有时会受到认知生理特点的影响，如记忆力和反应速度的下降。一位受访者提到，她在学习如何查询不同城市的天气信息时，需要花费更多时间来记忆和应用学习内容。这表明，老年人需要更多的时间和练习来提升他们的数字问题解决能力。数字化学习不仅是为了增加老年人的知识储备，更是为了提高他们在日常生活中的自主性和适应能力。

3.数字自主学习能力

数字自主学习能力是老年人能够独立利用数字化工具进行学习的能力。这一能力对于老年人适应数字化社会至关重要，因为数字化环境通常不是面对面的，需要学习者具备较强的自我管理和自我驱动能力。社会的认可和支持能够激发老年人的学习动机，使他们更加积极地投入到数字化学习中。老年人在学习中收集和管理数字资源的能力，也能够显著提升他们的学习效果和生活质量。

在数字化环境中，老年人需要具备明确的学习目标和自我指导的能力。数字自主学习能力帮助他们在学习过程中设定目标、规划活动、获取知识、反映进展和评估成果。

4.数字交互学习能力

数字交互学习能力是指老年人在数字化环境中，通过数字工具进行沟通、共享和协作学习的能力。老年人在以往的学习和工作中积累了丰富的经验，他们在数字社区中的互动能够展现自身的优势，增加学习的乐趣和成就感。在数字网络中，老年人可以与其他人交流、讨论，共同参与各种学习和娱乐活动，这不仅丰富了他们的社会生活，也促进了知识的传播和分享。

数字交互学习能力不仅包括与他人沟通的能力，还包括分享和管理数字资源的能力。这种能力在数字化环境中尤为重要，因为它能够帮助老年人建立和维护他们的数字网络，参与到更广泛的社会交往中。

5.数字创新应用能力

数字创新应用能力是老年人利用数字工具进行内容整合、编辑、修改和创作的能力。这一能力并不局限于程序编写或计算机操作，而是更注重老年人如何将数字技术应用到实际生活中，如图片和视频的剪辑、网络文章的撰写、数字书画作品的创作等。老年人在数字化学习中，不断探索和创新，能够激发他们的创作欲望，增加学习的乐趣和成就感。

数字创新应用能力的培养有助于老年人更好地表达自我，提高生活质量。老年人可以通过数字工具记录生活点滴，分享经验和感受，增加社交互动的机会。这种能力的培养不仅丰富了老年人的生活，还帮助他们更好地适应数字化社会的变化。

6.数字安全管理能力

数字安全管理能力是老年人在数字化环境中保护个人信息和数字资产的能力。老年人作为"数字移民"，在网络安全意识和数字隐私保护方面相对较弱，容易受到网络诈骗和虚假信息的影响。因此，提升老年人的数字安全管理能力，对于保障他们的数字生活安全至关重要。

老年人需要具备基本的网络安全知识，如，如何识别和防范网络诈骗、保护个人信息等。此外，他们还需要了解数字环境中的法律和伦理问题，培养正确的数字行为和道德意识。这不仅有助于他们在数字环境中保护自己，还能为他们营造一个安全、健康的数字学习环境。

总体来说，老年人数字化学习能力结构的六个维度是帮助老年人更好地适应和融入现代数字化社会的关键。通过提升这些能力，老年人不仅能够享受数字技术带来的便利，还能提高生活质量，实现老有所学、老有所为。

第四节　加强社区培训队伍建设

随着老年人对互联网和数字技术需求的增加，他们对相关培训的需求也在上升。为弥合老年数字鸿沟，建议通过增加专业培训人员、加强社区培训队伍建设、以需求为导向设计培训内容、注重差异化教学以及完善多主体、多形式的培训体系来提升老年人的数字素养。这些措施将帮助老年人更好地融入现代数字社会，提升生活质量和幸福感。

一、加强社区培训队伍建设

（一）专业人才队伍的建设

专业人才队伍的建设是提升老年人数字素养的关键。本研究认为，这类人才队伍建设可以从企业和社会组织两个层面进行完善。

1.企业层面

企业不仅在适老化改造方面具有重要作用，还可以通过提供相应的专业培训服务进一步支持老年人。具体如下。

（1）组织专业培训队伍：针对其适老化改造产品，企业可以组建专业培训团队，为老年人提供个性化、细致的教学服务。这些培训团队可以通过现场演示、互动教学等形式帮助老年人更好地理解和使用这些产品。

（2）设计简单易懂的教学手册：为便于老年人学习，企业可以设计图文并茂、语言通俗易懂的教学手册。这些手册可以覆盖从基本操作到高级功能的各个层面，使老年人能够循序渐进地掌握相关技能。

这些措施不仅能激发老年人对数字技术的兴趣，还能有效推广企业的适老化产品，达到教育和市场推广双重目的。

2.社会组织层面

在社会组织层面，老年大学和社会公益组织是支持老年人教育的重要力量，在提升老年人数字素养方面发挥着重要作用。

（1）老年大学的教学：老年大学可以通过开设更多数字技术课程，邀请专业教师定期深入社区，为老年人提供现场教学。这种形式的教学不仅有助于老年人学习新技术，还能增加他们的社交机会，提升生活质量。

（2）社区专业化培训：社区可以与社会公益组织或其他专业机构合作，开展定期的数字教育培训。这些培训可以包括智能手机使用、网上购物、安全上网等实用内容，帮助老年人更好地适应数字社会。

（二）志愿队伍建设

志愿队伍在老年人数字培训中扮演着重要角色，建议从以下两个方面加强志愿队伍建设。

1.大学生志愿者队伍

大学生志愿者队伍因其覆盖范围广、参与人数多，是目前老年人数字培训的重要资源。为了提高其可持续性和影响力，可以鼓励更多的高校学生参与到老年人数字培训志愿活动中，并通过与政府或社区合作，将这类活动制度化。例如，可以设立专门的志愿者培训计划，使志愿者掌握更专业的培训技能，从而更有效地帮助老年人。

2.老年互助志愿队伍

老年互助志愿队伍是一种创新的志愿服务形式，具有独特的情感支持功能。具体做法包括"以幼带老"和"以好带坏"。低龄老年人可以帮助高龄老年人学习使用智能手机，而对互联网技术较为熟悉的老年人则可以帮助其他老年人克服技术困难。这种互助形式不仅可以提高学习效果，还能缓解老年人对互联网的恐惧与焦虑，增强他们的自信心。

通过加强专业人才和志愿队伍的建设，可以有效提升老年人的数字技能水平，帮助他们更好地融入现代社会。这不仅有助于缩小数字鸿沟，还能提升老年人的生活质量和幸福感，为构建和谐社会做出贡献。

二、开展社区多样化培训

在老年人群体中，数字技能和互联网使用的需求呈现出多样化的特点。为了更好地满足这一多元需求，社区数字化培训应当多样化发展，尤其是在教学模式和内容上，采取灵活多样的方式，以增强培训效果。

（一）开展差异化教学

目前，大多数针对老年人的数字培训活动主要集中在智能手机的基本使用上。然而，这类培训通常缺乏深度和个性化设计，采用"一刀切"的培训方式，不考虑老年人群体内部的差异性。实际上，老年人群体由于认知能力、身体健康状况、生活环境等方面的不同，在互联网使用需求上也存在显著差异。无差别化的培训方式不仅难以满足个性化需求，还可能导致老年人丧失学习兴趣，造成培训资源的浪费。为了更好地服务老年人群体，应当创新老年数字培训的具体模式，进行差异化教学。具体措施如下。

（1）基础操作统一培训：对于智能手机的基本操作，例如，如何拨打电话、发送短信、拍照和使用应用程序等，可以进行统一培训。这些基础技能是所有老年人适应数字社会的基本要求，有助于满足他们的最低互联网使用需求。

（2）差异化教学设计：针对不同特点、不同掌握程度的老年人群体，设计差异化的教学内容。

（3）应用场景的差异：根据老年人日常生活中对智能手机的不同应用场景进行教学。例如，有些老年人更关注健康管理应用，有些则偏爱社交和娱乐功能。教学内容应根据这些需求进行调整，提供有针对性的指导。

（4）个体特征的差异：考虑到老年人在性别、年龄、健康状况和对智能手机的掌握程度等方面的不同，制订个性化的教学方案。对于初学者，可以提供更加基础和循序渐进的课程；对于有一定基础的老年人，可以提供高级技能培训和应用程序的深度使用技巧。这种针对性的教学不仅能够提高学习效果，还能最大化地利用培训资源。

通过差异化教学，不仅能更好地满足老年人群体的多样化需求，还能激发他们的学习兴趣，增强他们对数字技术的信心和使用能力。

（二）开展线上教学

互联网不仅是老年人学习的对象，也可以作为他们学习的工具。因此，在提供线下培训的同时，还应充分利用互联网平台开展线上教学。互联网平台具有广泛覆盖、灵活便利和资源丰富的特点，非常适合老年人进行持续学习和进阶学习。

（1）利用互联网平台进行线上教学：对于一些知识性强、专业性高的培训内容，如老年大学和社会组织提供的专业培训课程，可以将教学资源制作成视频课程、电子书籍或其他形式的在线内容，并上传至互联网平台。这不仅可以解决线下师资力量不足、受众面有限的问题，还能让更多的老年人受益。

（2）扩大数字教学的覆盖面：线上教学可以突破地域和时间的限制，任何有网络连接的地方，老年人都可以随时随地学习。这种灵活性特别适合那些行动不便或生活在偏远地区的老年人。

（3）降低教学成本：线上教学无须租赁场地或安排大量人员支持，节约了培训成本。同时，可以通过在线平台进行多次播放和传播，大大提高了资源利用率。

（4）"互联网反哺"效果：通过互联网平台，不仅可以传播数字技术知识，还可以建立老年人之间的互动和交流平台，分享学习经验和心得。这种"互联网反哺"的模式，不仅促进了老年人对互联网的理解和应用，还能提升他们的社交体验和心理健康。

综合来看，社区多样化培训的开展，通过差异化教学和线上教学的结合，可以有效提升老年人群体的数字素养和生活质量，帮助他们更好地融入现代社会。

第四章

老年人数字生活服务的协同保障路径

第一节　老年人使用智能手机的数字生活

政府在缩小老年人数字鸿沟中应发挥主导作用，通过政策引导和支持、推广数字教育、推动信息无障碍建设以及鼓励创新和发展等措施，帮助老年人更好地融入数字社会。这些行动旨在提高老年人参与数字生活的积极性，增强他们的社会参与感和幸福感，同时响应"十四五"规划中"实施积极应对人口老龄化国家战略"的要求。

一、帮助老年人提升智能技术的学习能力

（一）提升老年人自主学习能力，增强数字素养

老年人学习智能技术的动机和方式具有独特性。通过问卷调查和访谈发现，约30%的老年人使用的智能手机来自子女或亲戚朋友赠送，这种支持性态度有助于解决硬件接入鸿沟和技术使用鸿沟的问题。然而，老年人对数字

技术的接纳主要出于现实需要，如融入朋辈群体、与亲朋好友社交等。老年人的这种学习是有意图和有意识的自主学习。当老年人在使用智能手机时遇到困难或疑问时，他们会主动寻求帮助，体现出主动性和能动性。

为了提升老年人的数字素养，他们需要掌握一系列能力，包括精通各种数字技能、评估和判断数字信息的能力、通过数字技术进行有效互动的能力，以及通过终身学习促进个人发展的能力。[①]数字素养不仅限于技能，还包括使用智能设备时的信任感和信心。老年人往往对智能设备感到陌生，面对虚假信息泛滥的数字环境，容易产生不信任感和抵触态度。因此，老年人在使用智能手机的过程中，不仅需要向子女和他人寻求帮助，还需要多与他人交流，积累经验，以提升对网络的信心。

非正式学习理论强调，通过非正式交流和社会交往，人们可以在日常生活中获得知识和技能。老年人可以在日常生活中建立非正式学习社群，互相传授使用智能手机的经验，培养终身学习的理念。树立"活到老学到老"的思想态度，积极探索新知识，敢于自我更新，能够帮助老年人提升使用数字技术的能力，增强他们的数字素养，从而更好地辨别虚假信息。

（二）转变学习动机，契合现实情境

老年人的学习动机往往受到社会现实情境的影响。情境学习理论强调，学习应在知识和技能的具体情境中进行。随着社会角色的转变，老年人对职业进展类知识的需求逐渐减少，而更关注社交、休闲、社会服务和兴趣类的内容。在数字时代的融入过程中，老年人形成了对数字技术的认知态度和价值判断。

许多老年人在使用智能手机时，更倾向于将其作为娱乐消遣的工具，如观看视频、浏览新闻等。然而，老年人对智能手机和网络的认知受限于长期形成的观念和偏见，这些因素影响了他们对新技术的接受度。情境学习理论强调，培养批判性思维技能和主体意识的重要性。通过积极参与知识生成过

---

① 孙莹.数字时代老年人智能手机学习障碍研究[D].云南师范大学，2023：11.

程，学习者能够更好地内化所学知识，并有效应用于现实生活中。

（三）在使用智能手机过程中提升技能

情境学习理论认为，学习往往发生在特定的社会环境和活动中，即通过与情境的接触和互动，个体选择或决定自己的行为。老年人学习智能手机的技能，不仅仅依赖于几堂课程或他人的教授，更需要在实际生活中不断实践和应用。通过实际操作和日常使用，老年人可以逐渐熟悉智能手机的各项功能，并掌握相关技能。例如，子女可以通过视频通话等方式，与老年人保持联系，让他们在日常生活中频繁使用智能手机的功能。老年人还可以报名参加网络课程，学习感兴趣的内容，通过这些学习活动，逐渐提高对智能设备的熟悉程度。同时，老年人也需要进行自我反思、自我认知和自我规划，主动适应数字变革的挑战。

通过这些措施，老年人可以更好地适应数字时代，提升自身的数字素养，融入现代社会。这不仅有助于老年人享受数字化带来的便利，也能增强他们的自信心和社会参与感，实现自我价值。

二、老年人在数字变革中的资源优化

随着数字经济的迅猛发展，老年群体也被迫融入数字化社会。然而，科技的快速发展使得老年人面临巨大的适应压力，形成了所谓的"数字鸿沟"。为了解决这一问题，国家相关部门出台了一系列政策，旨在推动手机App适老化改造，为老年人提供更周全、更贴心、更直接的智能服务。以下探讨如何通过优化学习资源帮助老年人更好地适应互联网化和提升网络信心。

（一）帮助老年人更好适应互联网"适老"化

1.政策引导与适老化设计

随着国家对老年人数字化适应的重视，相关政策对App界面、字体大小、间距、广告弹窗、诱导按键等做出了具体规定。这些政策旨在降低老年人在使用智能设备时的困难，减少他们在信息获取和操作过程中的障碍。然而，如何从普通模式切换到老年模式，以及如何享受适老服务，需要企业和社会各界的共同努力。

情境学习理论强调，成人学习动机与个体所处的情境密切相关。因此，政府与企业应携手营造一个对老年群体更加友好的数字环境，有针对性地降低数字产品的使用难度。政府应做好政策制定，引导和督促企业落实适老化改造。此外，社会公共服务也应进行相应的调整。例如，增加人工窗口和服务人员，为老年人提供更多人性化的关怀，与老年群体的生活节奏相适应。

2.适老化理念的普及与推广

对于尚未使用智能手机的老年人而言，适老化理念的推广尤为重要。全社会应推动媒介产品设计的创新，促进公共服务的适老化匹配。智能手机供应商也应研发生产高质量、便利化的"老年模式"智能手机。然而，访谈中发现，大部分老年人对于"老年模式"了解不多，甚至从未使用过。这表明相关部门的宣传和推广还不到位，工作欠缺实效。

为了改善这一状况，需要加强对"老年模式"的宣传，使老年人了解其功能和优势。同时，企业应优化"老年模式"的用户体验，使其切换窗口更便捷，界面更加简单统一，迎合老年人的需求。子女和晚辈也可以利用闲余时间帮助老年人学习使用"老年模式"，使老年人享受专属定制服务。智能手机作为老年人与数字时代的桥梁，应充分发挥其作用，促进老年人融入数字时代。

（二）优化网络资源，提升老年人网络信心

1.提升网络信息真实性与安全性

为提升老年人触网的信心和安全感，优化网络资源势在必行。需要严把

关，提高信息的真实性和安全性。政府应不断完善法律法规，建立健全网络信息发布的监管机制，提高准入门槛，明确各监管部门职责，建立科学有效的监督体系。对虚假信息传播者加大惩治力度，依法追究其法律责任，确保信息传播的真实性和安全性。[①]

2.平台责任与信息管理

各公司软件应用平台也应在信息管理上承担相应的责任。平台应对网络信息进行源头把控，禁止虚假信息和不良信息的传播。通过设置敏感词汇自动剔除和信息隐藏功能，防止不良信息的扩散。此外，平台还可以安排专人进行网络信息排查，及时发现问题并予以解决。通过这些措施，营造一个良好、健康、安全的网络环境，让老年人能够安心地使用互联网，享受数字时代的便利。

综上所述，帮助老年人更好地适应互联网化和提升网络信心，需要多方努力。从政策制定到技术改造，再到社会服务的完善，各方面都需要协同合作，为老年人提供一个友好、包容的数字环境。通过这些措施，老年人可以更自信地融入数字社会，享受现代科技带来的便利和益处。

三、构建合理有效的老年人学习共同体

老年人群体退休后的学习方式常常呈现零散、分散和自主的特点，虽然这体现了个性化的学习需求，但可能会影响到学习效率。因此，构建老年学习社群，形成老年学习实践共同体至关重要。

在构建老年学习实践共同体时，应遵循动态设计和内外融合两大原则。动态设计原则强调根据老年人学习成员的流动性，灵活调整共同体活动形式与内容，以满足成员多样化的需求和兴趣。内外融合原则以老年人学习需求

---

① 孙莹.数字时代老年人智能手机学习障碍研究[D].云南师范大学，2023：24.

为核心，设计适宜的学习方式，并鼓励其他老年人成为"合法的边缘参与者"，同时在智能手机学习活动中欢迎外界人员参观交流，共享见解与建议。

多层次参与者架构是构建老年学习实践共同体的关键组成部分，旨在充分利用不同成员的角色和贡献，以实现共同体的高效运作和持续发展。

首先，核心成员作为共同体的创建者与管理者，承担着最为重要的职责。这些成员通常是具备丰富经验的老年人，他们不仅对老年人群体的学习需求有深入了解，还具备较强的组织和协调能力。核心成员负责制定共同体的活动规划，确保每项活动都能贴合老年人的特点和兴趣。此外，他们还负责资源的有效调配，确保学习材料、场地和其他资源的充足供应，从而保障活动的顺利进行。

其次，活跃成员在共同体中起到桥梁作用，他们不仅积极参与各种学习活动，还在关键时刻为核心成员提供宝贵的反馈与建议。这些成员对共同体的运作有较强的参与感和责任感，他们的反馈和建议对于优化活动设计、提升活动效果具有重要意义。活跃成员的积极参与和互动，能够有效促进共同体内部的沟通与合作，从而增强成员间的凝聚力。

最后，边缘成员基于个人兴趣参与到共同体中，他们的参与较为灵活和自由，主要集中在非正式讨论和交流活动中。尽管边缘成员的参与程度较低，但他们同样是共同体不可或缺的一部分。通过提供一个开放包容的平台，共同体能够吸引更多的边缘成员加入，这不仅有助于扩大共同体的规模，也为核心成员和活跃成员带来了更多的视角和灵感。总体而言，多层次参与者架构通过明确不同层次成员的角色和职责，实现了共同体内部的分工协作和资源共享，确保了共同体活动的有效性和持续性。

此外，非正式交流空间是老年学习实践共同体的重要组成部分，旨在营造一个无压力、开放的讨论环境，鼓励成员们自由表达，增强相互理解和信任。通过设计轻松、友好的物理空间，鼓励畅所欲言，避免批评指责，成员们可以在这里抛开对言论准确性的顾虑，自由分享见解和观点。这种氛围促进了深入交流和互动，成员们不仅能分享知识和经验，还能从他人的故事中获得新的启发，进而增强共同体的凝聚力和创造力。

社区及老年教育机构应积极协助搭建老年人组织，通过构建老年学习共同体来推动老年人学习。具体措施包括建立老年人智能手机交流中心、智能学习互助小组、实施一对一帮扶等。同时，可依托网络学习社群，基于共同兴趣构建学习社群，促进老年人间的交流学习，提升智能手机使用技能与网络素养。

此外，老年活动室负责人及街道主任应利用新媒体技术，开展信息素养基础操作技能与方法的培训活动，通过新媒体平台展示相关知识与应用方法，助力老年人更好地掌握与运用新媒体技术，进而融入数字社会，享受科技带来的便利与福祉。

第二节　老年人社交媒体平台融入

一、老年人社交活动的影响因素

在人口老龄化加剧的背景下，中国老年人社交活动的状况在城乡和不同经济地区之间呈现出明显差异，这增加了相关研究的复杂性。近年来，国家频繁出台与老年人社交活动相关的政策及配套实施扶持措施，以应对人口老龄化问题。社会各界积极响应国家号召，推动老年人社交活动及相关研究的发展。

（一）个体维度对老年人社交活动的影响

个体因素作为影响老年人社交活动的基础性因素，其重要性不容忽视。整体而言，中国老年人的社交活跃度相对较低，特别是在农村及经济欠发达地区，老年人的社交活动形式较为单一。常见的社交形式涵盖亲友间的相互走访、社区活动室内的棋牌娱乐，以及社区公园内的舞蹈健身等。尽管上网和老年大学等活动的参与人数相对较少，但这些活动的参与频率却较高，对于提升老年人的社交活跃度具有显著的积极作用。特别是互联网和智能手机的使用，已成为老年人积极社交的重要途径，这不仅有助于增强他们的社会资本，还对他们的健康状况、消费行为以及生活满意度产生了积极影响。

在个体因素中，性别、年龄、学历、健康自评、慢性病、身体功能障碍以及认知抑郁状况等均为关键要素。相较于高龄老年人，中低龄老年人更有可能积极参与社交活动。社交活动的选择差异则在一定程度上反映了社会分工和社会地位的性别差异。此外，学历较高的老年人往往表现出更高的社交活跃度。同时，健康状况也是决定老年人社交活跃度的重要因素之一，自评健康状况良好的老年人更倾向于参与社交活动。

（二）家庭维度对老年人社交活动的影响

家庭因素也是影响老年人社交活动的重要因素，主要包括婚姻状况和家庭经济状况。在研究样本中，与配偶同住的老年人占多数。经济社会的发展导致家庭小型化，子女工作或婚后不与父母同住，这使独居老年人尤其是离异或丧偶者在社交活动中受到限制。经济状况也是影响城乡老年人社交活跃度的重要因素。在经济欠发达的农村地区，老年人倾向于选择走访等成本较低的社交方式，而城镇地区老年人则更能参与满足自我实现需求的社交活动。

家庭支持同样对老年人的社交活动有重要影响，主要来源于配偶、子女和兄弟姐妹。家庭支持包括经济支持、生活照料和精神慰藉。经济支持指家庭成员提供的财物和必需品；生活照料涉及帮助老年人处理日常事务；精神慰藉则包括来自亲属的情感支持。家庭支持良好的老年人，社交活跃度通常较高。

（三）社会维度对老年人社交活动的深远影响

社会因素作为老年人社交活动的保障性要素，其影响不可忽视。具体而言，城乡居住性质、东中西部经济地区差异、社区老年活动场所的设立情况以及老年人医疗保险的覆盖程度等，均对老年人的社交活动产生显著影响。

在城镇地区，得益于丰富的基础设施资源，老年人参与社交活动的便利性较高；相较之下，农村地区的资源相对匮乏，导致社交活动形式较为单一。而在经济发达的东部地区，由于基础设施完善，老年人的社交活动选择和参与度均较高。同时，医疗保险的普及也极大地提升了老年人参与社交活动的可能性。

随着互联网信息技术、智能手机5G技术及AI技术的迅猛发展，以及人口老龄化的挑战，传统老年社交形式正经历着变革。互联网和智能手机的使用日益成为老年人社交的新趋势，相关社交软件和活动形式也在逐步兴起，对老年人的健康、消费及生活满意度产生深远影响。

此外，打造老年宜居环境是提升老年人社交活动质量的关键。社区应严格遵循无障碍环境建设的相关法规和标准，将老年人社交活动的无障碍环境建设和"适老化"改造纳入城乡综合改造规划中。各级政府应积极鼓励老年家庭进行适老化改造，并特别关注残疾、高龄独居及经济困难老年人家庭的改造进程，以保障其社交活动的参与度。同时，社会各界应加快推进老年人互联网和智能手机的"适老化"改造，并利用媒体资源为老年人发声，提高全社会对老年人社交活动的关注度，共同营造敬老、爱老、助老的良好社会氛围。

二、社交活动对老年人生活的影响

（一）老年人社交活动对其健康状况的影响

在中国，老年人社交活动的总体活跃水平较低，但社交活动对老年人健康状况的影响是显著的。研究表明，社交活跃度较高的老年人往往更积极参与各种形式和类型的社交活动，包括线上和线下、正式和非正式的活动。

老年人积极参与社交活动，尤其是多样化的活动项目，如志愿服务、体育健身、教育培训等，不仅能丰富其社交生活，还能显著改善其健康状况，这种改善在缓解认知衰退和抑郁情绪方面尤为明显。为了鼓励老年人积极参加多种多样的社交活动，特别是那些能够增强社会联系和心理健康的活动，各级政府、社区组织及社会企业应加强协作，创新性地整合和提供更多的社交资源，建立支持性平台和产业，以促进老年人社交活动的全面发展。

（二）老年人社交活动对其消费状况的影响

在中国式现代化进程和积极应对人口老龄化背景下，老年人的消费结构正在经历动态的代际变化和升级。"60后"新一代老年人相比于"老一代"老年人，在个体人力资本和社会资本方面都有显著的进步。这一群体的消费行为受到社交活动的显著影响。老年人通过参与不同的群体互动，尤其是小群体或非正式群体的互动，可以获得更多的社交机会，从而促使其消费行为的改善。例如，老年人通过参与社交活动可能受到群体的影响和带动，进而产生从众心理和消费需求，这种需求会与更广泛的经济社会联系相互作用。

此外，现代科技的发展，尤其是微信、微博、抖音、快手、小红书等社交媒体，以及移动支付方式的普及，对老年群体的社交形式和消费习惯也产生了深远的影响。老年人在这些平台上可以轻松获取信息、与他人互动，并进行在线购物和消费，不仅丰富了他们的生活方式，也促进了消费行为的多样化和便捷化。

（三）老年人社交活动对其生活满意度的影响

老年人生活满意度的提升与其社交活动的参与度密切相关。随着年龄的增长和身体机能的衰退，老年人逐渐从原有的社会角色中脱离，社交活动的范围和频率也可能随之减少。这种转变可能导致老年人生活满意度的下降。因此，各级政府、社区组织以及相关企业应从多个方面入手，如线上线下社交活动、行业服务保障等，着力提升老年人的社交活跃度，从而提升其生活满意度。

根据马斯洛需求层次理论，老年人的生理和安全需求主要通过外部条件来满足，而社会需求、尊重需求及自我实现需求则需要通过内部因素来实现。老年人的生活满意度受多重因素影响，包括客观的生活条件和主观的心理感受。在我国人口老龄化加速发展的背景下，老年群体的"未富先老"问题带来的社会经济影响，以及社会保障制度的不足，都是影响老年人生活满意度的重要外部因素。积极参与有益的社交活动，不仅能丰富老年人的精神生活，还能增强他们的社会资本，这对于提升老年人的生活满意度是一个重要途径。

现代信息技术的发展，如互联网、大数据和人工智能技术的应用，也为老年人提供了新的社交和消费方式。这些新兴的技术手段正在深刻改变老年人的生活方式，对其健康状况、消费行为和生活满意度等方面产生广泛而深远的影响。

三、促进老年人积极参加社交活动的策略

在当今社会，随着人口老龄化的加剧，如何帮助老年人保持社会参与感和心理健康成为一个重要议题。老年人积极参与社交活动不仅有助于延缓衰老，还能提高他们的生活质量。以下是促进老年人积极参加社交活动的若干策略。

（一）老年人应建立科学健康的生活理念与社交方式

当前，中国老年人的社交活动主要聚焦于传统的串门、打麻将、广场舞等形式。尽管这些方式在一定程度上满足了老年人的社交需求，但随着社会的持续发展和科技的飞速进步，新兴的社交形式正逐步在老年人群中占据一席之地。具体表现为，越来越多的老年人开始接纳并运用互联网及智能手机，通过社交媒体平台与各类应用程序进行线上交流与互动。这种创新的社交模式不仅有效拓宽了老年人的社交网络，还为他们创造了更多的社交机遇。

因此，我们倡导老年人树立科学、健康的社交活动新观念，积极发挥自身的主观能动性，主动融入数字世界，努力跨越数字鸿沟，从而进一步提升

生活质量。

为了更好地适应现代社会的变革，老年人应当秉持"终身学习"的理念，主动学习新知识、新技能。他们可以积极参与社区组织的多样化老年文体活动，如合唱、广场舞、老年时装表演等，这些活动不仅丰富了老年人的日常生活，还为他们提供了结识新朋友、拓展社交圈的平台。比如，"抖音"平台上的时尚奶奶团便是一个生动的例证，她们通过老年模特表演与积极的社交互动，赢得了广泛的关注与赞誉。老年人可以从中汲取灵感，勇于展示自我，增强自信心，并激励更多的同龄人走出家门，共同参与到丰富多彩的社交活动中来。

（二）社区加强宣传和教育以提升老年人素养

城乡社区在提升老年人社交活跃度方面起着重要的作用。社区应关注老年人社交活动的热点内容和形式创新，加强老年健康知识宣传和教育，提升老年人素养。例如，社区可以通过举办讲座、培训班等形式，普及老年健康知识和社交礼仪，帮助老年人更好地融入社会。老年人可以参与不同的兴趣群体，通过群体互动获取更多社交机会。例如，参加社区公园的老年太极拳活动，进而与更广泛的太极拳协会建立联系。这种群体参与有助于提升老年人的素质和能力。

此外，社区应根据"终身教育"原则，制定老年人素养提升方案，扩大老年教育资源供给。比如，社区可以开设培训课程，推动老年人素质培养与观念转变。通过互联网和智能手机App等平台，社区可以为老年人提供社交活动资源共享和服务支持。社区还应提供文化体育活动场所，组织开展相关活动，鼓励低龄健康老年人继续发挥作用。

（三）企业应积极创新和完善相关产品及服务

企业在促进老年人社交活动中也扮演着重要的角色。随着互联网和智能手机App的发展，老年人社交活动的形式不断创新。以老年人为目标群体的企业应开发适合老年人的产品和服务，如旅游公司可以设计针对老年人的旅游线路，提供专门的服务设施和导游，提升服务质量。老年人普遍拥有大量闲暇时间，企业和老年人协会可以通过丰富老年人生活内容，提升他们的社交活跃度。广场舞、老年志愿服务队等组织形式可以作为重建老年人社交活动的有效方式。

此外，企业还可以开发专门针对老年人的智能设备和应用程序，如具有大字体、大音量和简单操作界面的智能手机，帮助老年人更方便地使用现代科技手段进行社交活动。同时，企业也可以与社区合作，举办各种主题活动，如健康讲座、兴趣班等，为老年人提供丰富的社交平台。

（四）国家应着力落实适老化改造及老年宜居环境建设

国家在促进老年人社交活动方面也有重要的责任。城乡社区在推动适老化改造时应征求老年人及相关利益主体的意见，特别是在实施"智慧助老"行动时，应创新数字技能教育和培训形式，以提高老年人数字素养。[①]社区还应促进老年人出行便利，如提供老年人专座和优惠服务。打造老年友好型社会，社区应落实无障碍环境建设法规，确保老年人社交活动的安全便利。

同时，国家应加大对老年人公共服务设施的投入，建设更多适合老年人活动的公共场所，如老年活动中心、社区图书馆等。这些设施不仅为老年人提供了丰富的文化娱乐资源，也为他们提供了一个安全、舒适的社交环境。此外，国家还应通过政策引导，鼓励更多的企业和社会组织参与到老年人社交活动的支持工作中来，共同为老年人创造一个更好的社交环境。

（五）国家大力构建和完善人口老龄化政策、制度和体系

随着中国人口老龄化问题的日益严重，国家在制定相关政策时，应将促进老年人社交活动作为重要的政策目标。国家应继续完善和拓展应对人口老

---

① 中华人民共和国国家卫生健康委员会.《中共中央国务院关于加强新时代老龄工作的意见》解读问答[J].中国实用乡村医生杂志，2022，29（1）：9-13.

龄化的政策、制度和体系，加强老年人社交活动的政策支持。政府应整合社会资源，加大资金投入，为老年人社交活动提供稳定的服务。

此外，国家应加强对老年人社交活动的法律保障，为老年人提供更加公平的社交机会。政府应确保老年人社交活动的政策目标一致、功能协调，以应对人口老龄化带来的挑战。同时，国家还应积极推动老年人社交活动的国际交流与合作，借鉴国外先进的老年人社交活动经验，为中国老年人提供更多的选择和参考。

（六）国家致力于构建居家、社区与机构相协调的养老服务体系

为积极促进老年人融入社会生活，国家正全力构建一套完善的养老服务体系，该体系强调居家、社区与机构三者之间的协调与互补。近年来，国家高度重视普惠型老年人养老服务的发展，通过资源的均衡配置，推动老年人参与多元化的社交活动，旨在显著提升老年人的社交活跃度。

此举措不仅有助于增强老年人的身心健康，提升其主观幸福感，还极大地丰富了老年人的日常生活，为社会的和谐稳定发展贡献了积极力量。

具体而言，国家将加大对居家养老服务的扶持力度，力求为老年人提供更加便捷、个性化的服务体验。同时，社区养老服务机构需充分发挥其职能，积极策划并组织各类有益于老年人身心健康的活动，如文艺演出、健康讲座等，以丰富老年人的精神文化生活。

此外，国家还鼓励并支持老年人参与志愿服务和社会公益活动，通过为社会贡献自己的力量，老年人在这一过程中将获得充分的满足感和成就感，进一步促进其身心的健康发展。

第三节　老年人群智能出行产品服务开发

一、大力加强数字产品服务适老化研发

（一）构建专业化的适老服务平台

为了应对人口老龄化的挑战，政府与互联网企业应积极推动老年友好型智能技术服务的开发与应用，构建具有高度专业性、针对性强、操作便捷且接入快速的老年服务网络平台。此类平台应充分考虑老年人群体的多样性，依据其不同的生理特征、认知水平和使用习惯，提供个性化和定制化的数字服务。这些服务可以涵盖生活辅助、医疗保健、社交互动、文化娱乐等多个领域，帮助老年人更好地融入数字化社会。例如，平台可以提供简化操作界面、语音导航和大字体选项等，以降低使用门槛。此外，针对有特殊需求的老年人群体，如行动不便或有视听障碍者，还应提供专门的辅助功能。这种全方位的服务模式不仅有助于提升老年人的生活质量和社交活跃度，也有助于缓解社会对老龄化问题的关注和担忧。

（二）推动数字技术的适老化设计

在数字化时代，提升科技创新能力是推动适老化设计的重要途径。应加强数字服务平台与智能设备的适老化升级，开发能够真正满足老年人需求的功能模块，包括但不限于简化操作流程、提供清晰直观的用户界面，以及增加紧急呼叫和自动提醒等安全保障功能。为了确保老年人在使用数字服务时有一定的"容错"空间，应建立平台监管和亲属监督的双重安全机制，以防止因操作失误或信息误解引发的不良后果。

在智能设备的研发过程中，应充分利用先进的数字信息技术，对现有的材料进行改进，并优化设备的功能设计。例如，针对老年人群体普遍存在的

视力、听力和记忆力下降的问题，智能设备可以配备高对比度显示屏、语音提示和简洁明了的操作指南。在线打车平台可以与公交公司及轨道交通公司合作，在公共交通站点提供"一键打车"按钮或"站台扫码打车"服务，简化老年人使用的流程。这种设计不仅提高了老年人使用智能设备的便利性和安全性，也增强了他们对数字技术的信任感和依赖度。

（三）利用智能AI满足个性化需求

随着大数据、云计算和人工智能（AI）等信息技术的飞速发展，AI技术在为老年人提供智能化和个性化服务方面展现出巨大的潜力。AI技术能够通过分析海量数据，精准定位老年人的个体需求，并提供量身定制的解决方案。此外，AI技术还可以应用于居家护理、生活助手等领域，为老年人提供更为科学、有效的服务支持。例如，智能问诊挂号系统可以根据老年人的症状自动匹配合适的医生和诊疗时间，在线咨询平台可以即时解答老年人日常生活中的疑问，而紧急呼救预警系统则可以在老年人遇到突发状况时迅速发出求救信号。

这些基于AI技术的智能服务，不仅能大幅提高老年人日常生活的便利性和安全性，还能有效减少他们对传统照护资源的依赖。随着技术的进一步成熟，这类服务将能够为老年人提供更加全面的支持，帮助他们更好地融入数字信息社会，享受科技带来的便利与福祉。科技的进步不仅应体现在技术层面，更应体现出对社会关怀的重视，通过科技助老，我们可以推动社会更好地应对老龄化挑战，实现全体公民共享科技进步的成果。

二、关爱理念下的老年人防走失产品设计

（一）关爱理念下的老年人防走失产品设计目标

老年人防走失产品设计应以关爱理念为核心，致力于创造一个便利、安

全、智慧的出行环境，使老年人乐于出行并享受生活。

首先，设计目标之一是营造便利出行环境，使老年人乐于出行。这一目标要求产品设计遵循平等原则，确保老年人平等享受出行权利。产品功能应满足老年人的基本出行需求，如提供线路指引与提醒，以帮助他们克服因身体机能退化而产生的迷路恐惧。此外，产品应轻便易携，避免给老年人带来额外负担，并解决遗忘携带问题。同时，通过增加与亲友沟通的功能，满足老年人居家的心理需求，增强归属感。

其次，智慧出行环境的营造是另一重要目标。这要求产品设计遵循易用原则，使老年人能够轻松使用智慧产品，享受其带来的便利。产品的操作应简便直观，信息呈现清晰易懂，符合老年人的认知能力和身体状况，避免因复杂操作而导致的排斥心理。智能化防走失产品应具备外出智慧守护功能，如提供实时定位和紧急呼救功能，增强老年人的安全感。同时，可加入居家贴心交流功能，这不仅满足了老年人对传统沟通方式的偏好，还进一步满足其社交需求。

再次，产品设计应注重创设安全出行环境，使老年人敢于出行。这要求产品具备安全性原则，能够在老年人出行过程中提供保护和提醒，营造一个让他们感到安心的环境。智能伴随出行功能应以主动伴随形式体现，无须老年人进行复杂的学习与适应。同时，居家智能看护功能确保老年人在家中也能享受安全的照护与陪伴。

最后，给予关怀出行环境是老年防走失产品设计的核心理念之一。这要求产品设计尊重老年人的情感与心理需求，提供持续的关怀体验。在使用过程中，老年人应感受到平等对待与尊重，消除因年龄而产生的特殊标签。通过外出持续关怀和居家交互联结功能，产品不仅在出行时提供关怀支持，还在居家环境中通过情感沟通，提升老年人的生活满意度。

（二）关爱理念下的老年人防走失产品设计策略

在关爱理念下，老年人防走失产品的设计策略应遵循匹配性、延续性、安适性和备至性原则，以满足老年人的特殊需求，提升其生活质量。

首先，匹配性原则强调产品需适应老年人的外在基本点和内在需求点。

产品设计应简洁明了，减少复杂的操作步骤，采用简单柔和的外观，使老年人容易接受并使用。通过减少按键、扩大信息显示区域等方式，产品的操作性得以提升，符合老年人的行为习惯。此外，产品还应具备基本的辅助功能，如线路指引与提醒、事件记录等，帮助老年人记忆并减少对操作的依赖。这种设计不仅提升了老年人的出行体验，也增强了他们融入社会的信心。

其次，延续性原则关注产品的持续使用性。老年人防走失产品应降低智能化操作的门槛，使其易于使用，并适应老年人的固有行为模式。智能化设计应体现在清晰的路线指引和提醒上，提高导航指示的可辨识度，增设智能语言唤醒功能，增强老年人的操作灵活性。这些功能的设置不仅有助于老年人适应智能产品，还能增强他们的出行安全感，减少厌倦心理，确保产品的持续使用。

再次，安适性原则强调产品的安全性和舒适性。防走失产品应具备稳固的外观结构和安全的零部件设计，避免误触等不安全因素。此外，产品的配色应传达出安静、稳定的情感表达，符合老年人的审美偏好。在功能方面，防走失产品应关注老年人可能走失的情境，如提供柔和的跟踪定位和报警系统，确保老年人在走失时能够及时获得帮助和安全感，避免恐慌情绪的出现。

最后，备至性原则注重产品对老年人情感需求的关怀。产品外观设计应注重材料的柔软性和舒适感，如使用硅胶、织物等材质，提供良好的触感和温暖的情感传递。功能方面，应增设视频通话功能，方便老年人与亲友进行可视交流，增强老年人用户与子女之间的情感联结，减少孤独感。同时，采用便捷的充电方式，减少操作复杂性，让老年人能够更轻松地使用产品，享受生活的便利与关怀。

综上所述，老年人防走失产品的设计策略应全面考虑老年人的生理、心理及社交需求，以匹配性、延续性、安适性和备至性原则为指导，提供功能完备、操作简便、安全舒适的解决方案，使老年人能够安心出行、享受生活。

第四节　老年人网络消费的对策建议

一、当前网络环境下老年人消费现状

（一）线上消费吸引力增强

随着移动支付技术的普及，老年人在购物方面享受到了更多便利，其消费渠道日益多样化和年轻化。线上消费逐渐成为老年人重要的购物方式之一，许多老年人在子女的帮助下逐步适应并接受这种新型购物模式。线上平台提供的便捷的购物体验和丰富的商品种类，对老年人具有较大的吸引力。

（二）老年消费市场尚待完善

老年人在消费观念上展现出与其他年龄段人群的显著差异。然而，当前市场上为老年人量身打造的产品与服务相对匮乏，主流产品仍聚焦于中青年群体，这导致老年消费市场的满足程度相对较低。许多企业在开拓老年消费市场方面存在不足，其投资重心更多地放在了医疗、养老等已相对成熟的领域，而对于尚待深度挖掘的市场领域则采取保守态度。这种策略选择加剧了老年消费产品与服务结构的不合理性，限制了市场的潜在增长潜力。此外，部分企业对老年消费市场持有偏见与误解，误认为老年人消费能力有限，对新兴产品与技术的接纳度不高，因此不愿投入资源进行针对老年人的产品创新与服务开发。同时，政府政策在这一领域的制定与实施也存在滞后与支持力度不足的问题，未能全面契合老年人的消费需求。鉴于老年人口规模的不断扩大，政府应出台更具针对性的政策措施，以积极推动老年消费市场的健康发展。[①]

（三）热衷保健消费

保健消费在老年人的支出中占据了显著的比例。随着保健意识的提升，老年人越来越重视健康投资，这促使保健消费支出的增加，进而形成了一个专门针对老年人的保健市场。然而，这种情况也为不良商家提供了可乘之机，他们通过网络不法手段推销保健品，欺骗老年消费者。

（四）从众心理严重

老年人在网络购物时，容易受到推荐的影响。这种影响不仅来自商家的广告投放，也来自亲友的推荐。老年人往往信赖来自身边朋友的产品推荐，因而在朋友购买某种产品时，他们也可能因从众心理而跟风购买。这种现象显示出老年人消费行为中的社交依赖性。[②]

二、影响老年人网络消费的因素

（一）补偿消费心理的影响

随着中国经济水平的提升和养老保险制度的普及，老年人在晚年拥有相对稳定的收入来源，物质生活水平得到显著提高。这为老年人的消费行为提供了坚实的经济基础。一部分老年人会将当前的消费水平与过去相比较，在

---

① 李俊松，张艳.新生代老年人线上消费的影响因素与促进策略[J].市场周刊，2024，37（14）：77-81.

② 管文艳.老年人网络消费影响因素研究[J].智能计算机与应用，2020，10（9）：238-239.

生活条件允许的情况下，将其消费需求转向弥补过去生活中的遗憾和不满足，表现出明显的补偿消费心理。

（二）网络安全因素

当前线上消费市场的监管机制尚不健全，市场中商家的资质参差不齐，部分不法商家专门针对老年群体进行诈骗活动。由于老年人较易轻信不良商家的虚假宣传，导致其在网络消费中频繁上当受骗，造成经济财产的损失。这种现象使部分老年人对网络消费产生畏惧心理，担心可能遭受经济损失，从而对网络消费持观望态度。

（三）互联网及物流技术的发展

互联网技术的进步使得消费方式日益多样化，老年人也逐渐突破传统消费模式，适应并采用新的消费方式。互联网和物流技术的发展不仅方便了老年人获取日常生活用品，也为行动不便的老年人提供了足不出户即可购买商品的便利。这种技术进步极大地促进了老年人网络消费的增长，增强了其对网络购物的接受度。

三、促进老年人网络消费有序发展的对策

老年人网络消费的有序发展需要多方面的共同努力，涵盖家庭、社会和国家等多个层面。

（一）家庭层面：支持与引导

家庭在老年人网络消费中发挥着基础性的作用，尤其是子女，他们有责任帮助老年人适应数字化消费环境。

首先，子女应积极帮助老年人树立正确的网络消费观念。老年人由于缺乏相关经验，容易受到虚假信息或诱导性广告的影响，从而陷入不必要的消费陷阱。子女可以通过耐心讲解和实际操作示范，帮助老年人了解网络购物的基本流程和注意事项，认识到网络购物既有便利也有风险。比如，在选择商品时，应该查看商家的信誉、商品的评价以及售后服务的保障情况。

其次，家庭成员应引导老年人避免盲目跟风消费。许多老年人出于社交压力或想与年轻人保持同步，可能会购买一些不必要的商品。家庭成员可以通过讨论和交流，引导老年人理性分析自己的消费需求，避免因为"补偿心理"而过度消费。

此外，鼓励老年人分享他们的购物经验和心得，可以帮助他们在家庭内部形成良好的消费观念。家庭成员还应注意老年人的情绪和心理状态，及时疏导他们在网络消费中遇到的困惑和问题，增强他们的安全感和信心。

（二）社会层面：诚信与教育

在社会层面，各方力量需要协同合作，共同促进网络消费市场的健康发展。

首先，商家作为网络消费的直接参与者，必须秉持诚信经营的原则。避免发布虚假广告或夸大商品功效，是商家应尽的责任。为此，商家可以通过建立严格的商品审核机制，确保所有商品的宣传内容真实可信。此外，商家还可以与相关机构合作，举办专门针对老年人的网络消费讲座或活动。这些活动可以教授老年人如何识别虚假信息、如何使用电子支付工具以及如何保护个人信息等内容，提高他们的网络消费知识和技能。

社会组织和社区也可以发挥重要作用。社区可以设立专门的老年人网络消费咨询服务点，提供一对一的咨询服务，帮助老年人解决网络购物中的实际问题。此外，媒体也应承担起相应的社会责任，通过新闻报道、专题节目等形式，向社会普及网络消费的安全常识，帮助老年人提升媒介素养。社会各界的共同努力，有助于营造一个安全、健康的网络消费环境，让老年人能够放心地参与其中。

（三）国家层面：法治与监管

在国家层面，政府应当在法律和政策层面提供支持，确保老年人能够在一个安全有保障的环境中进行网络消费。

首先，政府应制定和完善相关的法律法规，对网络消费中出现的欺诈、虚假宣传等行为进行严格的监管和打击。例如，可以出台专门的老年人网络消费保护法，明确规定商家的责任和义务，确保老年人在消费过程中不受侵害。此外，政府还应建立高效的投诉和维权渠道，让老年人在遇到问题时能够迅速获得帮助。

其次，政府应加强对网络平台和电商企业的监管，确保其合规经营。监管机构可以通过定期检查、随机抽查等方式，督促企业严格遵守相关法律法规。同时，政府还应加强法治宣传，通过各种媒体渠道，向老年人普及法律知识和防范措施。例如，可以通过社区广播、电视节目、宣传手册等方式，提醒老年人注意防范网络诈骗，保护个人信息安全。

此外，政府还应支持老年友好型技术和服务的发展。鉴于老年人的身体状况和使用习惯，许多现代科技产品和服务并不完全适合他们。因此，政府可以鼓励企业开发适合老年人使用的网络购物平台和应用程序，简化操作界面，提供语音指引、文字放大等功能，提升老年人的使用体验。

综上所述，促进老年人网络消费的有序发展是一项复杂而长期的任务，需要家庭、社会和国家的共同努力。通过政策支持、市场引导和家庭教育的综合施策，可以推动老年消费市场的健康成长，让老年人享受更美好的晚年生活。

第五节　社会工作介入老年人数字融入

一、社会工作介入的可行性分析

（一）社会工作介入的必要性

在"老龄化"和"数字化"两大社会背景下，老年人群体的数字融入问题已成为实现积极老龄化的重要挑战之一。近年来，老年人因不熟悉智能手机使用而遭遇技术暴力的事件屡见不鲜，这不仅影响了老年人享受公共服务的权益，也反映出提升其数字技能的紧迫性。

随着现代家庭结构的变化，老人与子女分居已成为常态，这导致传统的家庭反哺功能逐渐弱化。因此，老年人在提升智能手机使用技能方面，对外界正式社会支持的依赖性增加。在这种情况下，社会工作的介入显得尤为必要。社会工作是一项以利他主义为核心价值观，基于科学知识并运用科学方法帮助弱势群体的职业化服务活动，其主要服务对象包括老年人。通过专业化的服务活动，社会工作能够有效地帮助老年人提高智能手机使用能力。[①]

此外，社会工作者还扮演着桥梁、媒介和串联工具的角色，能够将家庭、社区、政府及其他社会力量有机地联系在一起，为老年人搭建起一个支持网络。通过这一网络，社会工作不仅能满足老年人在智能手机使用技能方面的需求，还能增强其社会参与感和归属感。这种社会支持网络的构建，对于促进老年人群体全面融入数字社会，实现更高质量的晚年生活，具有重要的现实意义。

[①] 王泽铭.老年人数字融入的困境及社会工作介入策略研究[D].重庆大学，2022：19.

（二）社会工作介入方法

1.个案工作

针对老年人数字融入问题，个案工作是一种有效的介入方法。第一步，社会工作者需要建立与老年人个案的专业关系。这一过程包括与有使用智能手机需求和学习意愿的老年人进行正式接触，了解其在使用过程中面临的具体问题和挑战。在建立关系过程中，社会工作者应展现出对老年人尊重和接纳的态度，建立一个基于信任的专业关系。这个阶段的关键在于赢得个案的信任，使其愿意分享真实的需求和困惑。

第二步是需求评估。在这一阶段，社会工作者通过访谈、观察和其他适当的评估工具，全面了解个案的需求。这些需求通常包括工具性需求（如，如何使用基本功能）、情感性需求（如希望通过智能手机与亲友保持联系）、娱乐性需求（如使用智能手机进行娱乐活动）和知识性需求（如学习新知识）。此外，使用"智能手机使用技能测试量表"进行前测，可以量化评估个案的起点水平，以便在介入结束时对效果进行客观评估。同时，评估个案的家庭支持系统和社会支持网络也是必要的，因为这些支持对于个案的学习和使用智能手机至关重要。

第三步是制定个性化的服务方案。社会工作者与个案一起设定明确的服务目标，包括提升智能手机的认知和操作能力、电信诈骗防范意识，以及改善家庭沟通模式等。服务方案应详细列出每个阶段的目标、所需的服务内容和工作方法，确保介入过程系统化和有序进行。

第四步是执行个案介入方案。在这个阶段，社会工作者作为支持者和赋能者，应鼓励个案克服学习中的困难，提高其学习的信心和动机。具体操作包括教授智能手机的基础操作、常用应用的使用方法，以及应对电信诈骗的技巧。同时，社会工作者可以通过改善个案的家庭沟通模式，增强家庭成员对个案学习智能手机的支持。

第五步是评估和结案。在完成服务计划并实现目标后，社会工作者需要进行效果评估和满意度评估。这些评估不仅帮助检验服务的有效性，也为未来的工作提供参考。在结案后，社会工作者应进行后续的回访，以持续关注老年人对智能手机使用技能的掌握情况，并提供必要的持续支持。

2.小组工作

小组工作是一种集体参与的介入方法，适合于老年人群体的数字融入需求。虽然不同老年人对智能手机的熟悉程度不同，但他们的学习需求具有很大的同质性，因此可以通过小组工作进行集体培训和支持。

第一步是招募小组成员。社会工作者应与社区支部书记、居委会等联系，详细介绍小组工作的内容、目的和意义，争取社区的支持。可以通过张贴海报、派发传单等方式进行宣传，鼓励有兴趣的老年人报名参与。在筛选小组成员时，优先选择智能手机使用水平相近、学习积极性高且有时间参与活动的老年人。

第二步是需求评估。社会工作者通过访谈、观察等方式，详细了解小组成员的具体需求，包括工具性需求、情感性需求、娱乐性需求和知识性需求等。这一评估过程有助于社会工作者了解小组成员的共同需求和个性化需求，为制定小组工作计划提供依据。

第三步是制定小组工作计划。在小组的首次会议中，社会工作者应安排成员进行自我介绍，建立初步的信任和团结感。同时，社会工作者应与组员共同订立小组契约，明确小组的目标、规则和期望。在中期阶段，社会工作者可以教授智能手机的基本操作、常用应用的使用方法，以及如何保护个人信息和防范电信诈骗。通过分组讨论和一对一指导，确保每位组员都能掌握所学内容。

第四步是实施小组活动。社会工作者在活动过程中应营造一个轻松愉快的学习氛围，鼓励组员积极参与，分享使用智能手机的经验和技巧。在小组活动中，社会工作者应灵活调整工作计划，根据组员的反馈和需求调整教学内容和方法。

第五步是评估与结案。活动结束后，社会工作者应对小组工作的成效进行评估，包括组员对智能手机技能的掌握情况和对小组活动的满意度。结案后，社会工作者应继续关注小组成员在智能手机使用中的进展，提供必要的后续支持和资源。

3.社区工作

社区工作是一种更大规模的干预方法，适用于推广老年人数字融入的广泛需求。通过社区工作，社会工作者可以动员更多的社区资源，扩大影响范围，提高老年人群体的整体数字素养。

首先，社会工作者可以推动建立常态化的数字反哺课堂。这一举措旨在定期为老年人提供智能手机使用的培训课程。社会工作者应充分利用社区内外的资源，包括社区服务中心、街道办事处、高校志愿者团体等，通过合作和联动，确保课堂的持续性和系统性。反哺课堂的内容应包括智能手机的基本操作、常用应用的使用、电信诈骗的防范技巧等，课程设计要考虑老年人的学习特点和接受能力。

其次，在构筑社区网络安全防线方面，社会工作者应采取多种形式的宣传教育手段。可以通过在社区内张贴标语、举办专题讲座、发放宣传手册以及播放相关视频等方式，广泛宣传网络安全知识。目标是增强社区老年人的网络安全意识，帮助他们识别和防范常见的网络风险和骗局。社会工作者还可以邀请专业人士进行专题讲座，解答老年人在使用智能手机和网络时的常见问题和困惑。此外，社会工作者应积极推进社区内不同群体的联动与合作，例如，鼓励年轻人与老年人之间的互动和交流，促进代际间的知识传递和经验分享。这不仅有助于老年人提升数字技能，还能增进家庭和社区的和谐。

通过个案工作、小组工作和社区工作三种不同层次的介入方式，社会工作者能够全面、有效地支持老年人克服数字鸿沟，实现更好的社会融入。

二、社会工作的介入策略

（一）支持—激发老人学习动力

为了激发老年人的学习动力，社会工作者可以采取多种策略来提高他们对智能手机和数字技术的兴趣与参与度。

针对老年人学习意愿的提高，社会工作者可以采用小组工作法。在社区内招募希望学习智能手机使用技能的老年人，组成学习型小组。通过设置适当的课程，教授老年人一些实用的手机功能，从基础操作逐步深入到更高级的功能使用。小组工作不仅可以促进老年人与同龄人之间的交流和互动，还可以通过朋辈支持的力量提高学习效果。

研究表明，老年人在客观条件不利的情况下（如年龄大、身体状况差、教育程度低等），往往较少上网。然而，主观上对新鲜事物感兴趣、对互联网评价正面、与子孙互动频繁、参与社会活动积极的老年人则更可能融入数字生活。这表明，主观能动性在老年人数字融入中起着关键作用。社会工作者可以通过提供一个支持性的小组环境，激发老年人的学习意愿和积极性。

法国社会学家塔尔德[①]提出，模仿是社会发展的基本现象之一。在数字融入过程中，老年人往往会模仿其朋辈群体的行为，而不是子女。这是因为老年人和其朋辈在成长经历、认知水平和身体状况上更为相似，他们在使用智能设备时遇到的困难也更为相近。因此，朋辈群体之间的相互影响能够激发老年人学习的动力，形成一种正向的学习氛围。当越来越多的老年人开始学习和使用智能手机时，这一行为逐渐成为社交网络中的"规范"，那些不参与的老年人可能会感到被排挤，从而激发他们的学习需求。社会工作者还可以通过设置一些竞赛或游戏来增强小组活动的趣味性和竞争性，特别是对好胜心较强的老人，这种方式能够有效激发他们的学习欲望和需求。

为了克服老年人的数字恐惧，社会工作者应当重点关注帮助他们提高自我效能感。由于老年人进入数字社会时，通常面临身体机能、接受能力和学习能力的下降，他们可能会感到被新技术"裹挟"而无所适从。面对这些变化，老年人可能会产生群体性的数字恐惧感。社会工作者可以扮演支持者的角色，帮助老年人外化这些问题，避免将其归因于个人能力的不足。

在实际干预过程中，社会工作者可以采用优势视角，积极挖掘老年人的优势和潜力，帮助他们重建自信。社会工作者应鼓励老年人相信自己的能力，看到自己的长处，摆脱对自我价值的矮化和外界的刻板印象。此外，社会工作者可以使用生命回顾疗法，引导老年人回忆他们的高光时刻和成就感，帮助他们重新建立信心。通过引导老年人回忆他们何时开始接触智能手

---

① [法]塔尔德·加布里埃尔.模仿律[M].何道宽，译.北京：中信出版社，2020：144.

机以及何时开始产生恐惧情绪，社会工作者可以帮助老年人理解这些恐惧情绪的根源，从而逐步克服这些情绪。

这些方法的综合运用可以有效帮助老年人克服数字恐惧，提高他们的自我效能感，并促进他们在数字社会中的融入。通过持续的支持和指导，老年人可以逐步提升他们的数字素养，享受数字技术带来的便利和乐趣。

（二）倡导并优化家庭内部数字反哺机制

优化家庭内部的沟通与数字反哺流程是推动老年人顺利融入数字社会的重要举措。家庭作为数字反哺的核心场所，子女在此过程中扮演着尤为重要的角色。据周裕琼[①]教授调研，老年人在遭遇新媒体使用难题时，首要求助对象往往是家庭成员。然而，由于亲子间沟通障碍的存在，反哺效果往往未能达到预期。为此，社会工作者应积极介入，通过家庭个案工作，助力解决这一问题。

针对权威观念较重的父母，社会工作者需进行深度交流，强调若欲持续对子女施加正面影响，则需接纳子女在数字技术及文化领域的反哺。真正的权威源自个体的精神力量与人格魅力，而非单纯的身份地位。社会工作者应引导父母将外在的身份权威转化为内在的人格权威，理性看待数字时代的变迁，正视自身在媒介素养上相对于子女的滞后现状，调整认知偏差，以平等、开放的心态面对子女，增强与子女的日常沟通，虚心求教。

子女在实施反哺过程中，亦需注重方法与态度。鉴于父母接受能力可能有所下降，子女应展现充分的耐心，避免因态度不当而削弱父母的学习热情。反哺时，子女应以平等身份、温和语气与父母交流，根据父母的接受程度灵活调整教学节奏，避免一味追求速度而忽视实际效果。子女应密切关注父母的反馈，耐心地为他们解答疑惑，帮助他们及时巩固已学技能。此外，子女还应鼓励父母尝试使用微信发布朋友圈、阅读公众号文章、制作短视频等，以丰富其数字生活体验，提升其满足感。同时，子女应加强对父母的信

---

① 周裕琼.数字代沟与反哺之学术思考[J].新闻与写作，2015（12）：53-56.

息素养教育，提升其辨别信息真伪的能力，预防网络诈骗。

社会工作者可借鉴周裕琼教授提出的"微信反哺工作坊"模式，举办"家庭新媒体反哺"个案工作坊，邀请亲子共同参与。在工作坊中，社会工作者秉持助人自助的原则，促进家庭成员间的有效沟通，加深情感纽带。社会工作者将扮演倡导者与矛盾调和者的角色，尽量减少直接干预，仅在家庭成员间出现冲突时提供必要的疏导。工作坊的核心目标在于增进家庭成员间的相互理解，为家庭内部形成良好的数字反哺氛围奠定基础。

同时，社会工作者应以子女为服务对象，指导其如何高效实施数字反哺。子女应避免包办一切的心态，转而采取"授人以渔"的方式，相信并尊重父母的潜力与学习能力。在智能手机操作方面，子女应鼓励父母亲自动手实践，通过反复练习提升其熟练度。例如，子女应教授父母如何独立下载软件、注册并登录账号等技能。此举不仅有助于提升父母的数字技能水平，还能增强其自我效能感。在互联网知识教育方面，子女应引导父母学会甄别信息真伪、识别常见诈骗手法，提升其网络安全意识。此外，子女还应教会父母使用搜索引擎等工具，拓宽其信息获取渠道，丰富其知识储备，从而进一步提升其使用智能设备的信心与满足感。

（三）链接资源，强化社区反哺力量

强化社区反哺力量是提升老年人数字素养与网络安全意识的关键环节。社会工作者需积极协调各类资源，深入社区，特别是硬件设施匮乏的社区，提供多媒体资源，如投影仪等，以支持更为细致、精准的服务，构建有效的数字反哺体系。在此过程中，倡导与社区、街道办事处及高校志愿者团体等多元主体合作，共同开设"夕阳红数字教育课堂"，专门针对老年人智能手机使用进行培训。

为确保每位老年人都获得充分的关注与指导，应依据参与人数实施分批次安排，避免高峰时段人员过于集中，从而保障每位志愿者都能及时解答老年人的实际操作疑问。在教学准备上，预先规划培训课程，精心制作课程PPT，确保教学内容的系统性和连贯性，便于新志愿者快速掌握教学要点，同时也保障授课质量与老年人的学习效果。为保持课程的连续性，设定每周固定时间进行培训，并同步为无法亲临现场的老年人提供视频课程，构建起线上线下相结合的双重反哺模式。

在课程内容设置上力求多维度覆盖，从智能手机的基础应用功能、系统设置，到网络安全教育与互联网文化普及，全方位解决老年人可能遇到的问题。这一安排旨在帮助老年人在学会使用智能手机的同时提升其媒介素养与网络安全意识。

针对互联网安全问题，应倡导社区开展专项行动，通过普及常见的网络诈骗手法，增强老年人的网络安全防范意识。社会工作者须联合街道组织、社区及志愿者，共同策划网络安全宣传教育活动，采用张贴标语、举办讲座、发放宣传册、播放视频等多种形式，营造浓厚的网络安全氛围，使老年人深入了解网络安全风险。

在网络安全讲座中，鼓励社会工作者运用案例解析、短视频展示等手段，围绕实际生活中的网络陷阱进行深入剖析。通过剖析各类网络诈骗与信息泄露案例，帮助老年人提升风险识别与防范能力。同时，应特别警示老年人切勿贪小便宜，以免被诈骗团伙利用此心理进行诈骗。在收到中奖电话或短信时，务必核实是否真实参与过相关活动，避免财产损失。此外，社区还应通过发放传单、张贴宣传海报等方式，进一步加强网络安全教育，拉近与老年人的距离，满足其实际需求，共同构建社区安全屏障。

上述措施的实施，将有效提升老年人对数字设备的使用能力，并显著增强其网络安全意识，确保其在数字时代能够安全、愉悦地享受科技带来的便利。

第五章

老年人数字公共服务供给失配及其"适老化"路径

第一节　大数据背景下老年公共服务体系构建

一、智慧化老年公共服务面临的挑战

随着中国人口老龄化进程的加速及信息技术的迅猛发展，智慧化老年公共服务得到了政策和市场的强力支持。然而，智慧养老作为新兴业态，尚处于探索阶段，其发展面临着多方面的挑战。

（一）认知层面的挑战

智慧养老在认知层面面临显著挑战。当前的政策宣传和社会期望常常夸大了智慧养老的效果，忽视了养老服务的多元性、复杂性和动态变化。例如，智慧养老服务的功能往往被理想化和泛化，而未能精准地反映老年人实际的需求。国内智慧养老领域的"技术主义"和"唯技术论"倾向过于突出

高科技和智能设备，如机器人服务和高端智能手表，导致了供需之间的结构性失衡。这种过度推崇技术的现象不仅未能有效提高老年服务的质量和效率，反而在某些情况下增加了服务成本，降低了服务的实际使用率。特别是"智慧"这一概念在理论与实践之间存在张力，很多技术应用未能如预期般提升老年服务水平，导致实际效果和预期之间存在较大差距。

（二）市场环境方面的挑战

在市场环境方面，行政主导的市场模式也带来了诸多挑战。当前，智慧养老领域主要由政府主导，政府通过控制老年服务领域的主导权和话语权，维持并强化其行政权威。然而，这种权威管理模式导致行政力量深度介入市场组织，使市场难以明确自身的角色和定位，阻碍了智慧养老产业的市场化发展。此外，政府部门之间养老政策的叠加和冲突，限制了市场技术合作和市场扩展。这些政策往往停留在文本层面，未能有效转化为实际的市场行动和资源支持，导致政策效能的落实和资源的有效配置不足。与此同时，行业中"政治化"色彩过浓也限制了市场的自由发展空间，使市场机制的自我调节和优化受到了限制。

（三）产业秩序与链条的挑战

智慧养老产业的秩序和产业链正面临着一系列严峻的挑战。

首要问题是民间资本参与率偏低。由于智慧养老服务所需的巨额投资与老年群体相对有限的消费能力之间的矛盾，导致服务和产品的定价普遍较低，进而延长了资本回收周期，并增加了投资风险。此外，养老服务领域中的福利提供责任与营利目标之间的冲突，使资本回报率相对较低，同时，投资进入和退出机制的不明确性，也导致众多企业对投资智慧养老产业持谨慎态度。

其次，养老服务实体在发展过程中面临着资源短缺的困境。老年群体的收入和消费水平普遍较低，这直接影响了他们对智能产品和服务的使用率，从而难以在短期内实现养老经济的红利。同时，市场公信力和规范性不足，智慧养老产品和服务缺乏统一的行业监管体系和科学的效益评估方法，缺乏有效的制度保障，进一步阻碍了产业的健康发展。

在智慧养老服务的实际应用层面，同样存在着多重挑战。目前，大多数智慧养老服务仍处于试点阶段，服务内容主要集中在信息平台和场景建构上。然而，老年用户对新技术的接受程度较低，参与意愿不强，导致智能产品的闲置率较高。此外，使用成本也是阻碍老年人使用智慧养老服务的重要因素之一。许多老年人担心技术安装或维护费用过高，或担心技术产生的数据会给子女带来额外的信息负担。同时，智能产品的"黏性"不足，适老性设计缺失，使得老年人难以顺利使用这些技术。在心理层面，由于信息知识和技能的缺乏，老年人在面对大量智能产品和网络信息时，往往会出现自我效能感下降、挫折感、恐慌感和信息焦虑等负面情绪。

智慧养老的"技术主义"取向正在逐渐排斥那些难以适应技术化、信息化社会的老年群体。随着年龄的增长，高龄老人更难改变长期形成的生活习惯，对新技术的好奇心减弱，学习能力下降，这使他们在适应新技术时面临更多困难。因此，在推进智慧养老发展的过程中，必须充分考虑老年人群体的实际需求和能力，找到技术创新与人性化服务之间的平衡点，以实现智慧养老的可持续发展。

二、智慧化老年公共服务发展的对策

首先，智慧化老年公共服务体系的构建应坚持以老年人需求为导向。避免为智慧化而智慧化的做法，务必做好前期的需求调研，解决老年人最急需的问题，如日常照料、医疗康复、娱乐、维权、精神抚慰等方面。应充分了解老年人对新技术的接受程度、使用意愿和价格期望，避免政府资源浪费。[1]同时，还要在中后期对服务满意度进行调查，根据老年人反馈调整服务内容和平台设计，确保老年公共服务的供给与需求之间动态匹配。

---

① 屈贞.智慧养老：机遇、挑战与对策[J].湖南行政学院学报，2016（3）：108-112.

其次，积极推进智慧化老年公共服务制度体系建设。政府应创造良好的法律环境和政策环境，确保政策有法可依、有规可循，并加强顶层设计，制定并落实老年公共服务信息化规划，避免短期效应。在智慧化老年公共服务平台建设过程中，建立科学完善、协调统一的行业标准，并加大财政等相关方面的扶持力度，积极引导社会资源进入智慧化老年公共服务。

在平台设计方面，优化智慧化老年公共服务平台的使用体验，确保其便捷高效。鼓励企业开发符合老年人特点的信息科技产品与服务，注重平台的性能稳定和界面友好性。加强日常运行维护，确保软件的兼容性、稳定性和安全性，尤其要关注老年人关心的隐私保护问题。提供功能全面的智慧化老年服务，包括家政服务、医疗护理、精神慰藉等，同时提供个性化服务，满足不同年龄层次的老年人需求。[1]建立完善的老年服务信息平台，让老年人感受到智慧化服务对提高生活幸福度的帮助，提升设备的利用率和普及率。

此外，加强智慧化老年服务的宣传与推广。政府应根据老年人认知特点进行信息技术的宣传和指导，通过多种方式营造智慧化老年服务的环境氛围。借助老年人活动中心等场所或家属亲朋的宣传，提升老年人对智慧化服务的接受度和使用能力。[2]针对已开发的优质智慧化老年服务项目，主管部门应总结和评判其运行模式、成效和经验，通过媒体宣传成功典范，为其他地区提供参考。

最后，注重智慧化老年公共服务的人才培养，化解人力资源瓶颈。政府要加强老年服务职业教育，推行现代学徒制，提升服务的专业化、职业化和标准化程度。充分挖掘低龄健康老年人的人力资源，建立"服务储蓄账户"，鼓励低龄健康老年人参与服务，并在他们需要时提供相应服务。[3]政府还应提高老年服务人员待遇，吸引和留住既具专业技能又懂信息数据分析的复合型人才，以充分利用智慧化服务平台的数据优势，为老年人提供个性化和专业化的服务。

---

① 屈贞.智慧养老：创新我国养老服务供给模式新选择[J].天津社会保险，2016（6）：21-22.

② 杨菊华.智慧康养：概念、挑战与对策[J].社会科学辑刊，2019（5）：102-111.

③ 王欢欢.基于AHP的互联网+智慧养老服务发展制约因素分析[J].智能计算机与应用，2020，10（8）：221-223.

第二节　线上线下混合式老年教育工作探索

一、老年智能教育混合式教学的可行性

老年智能教育中的线上线下混合式教学模式结合了微课、个体自主学习、线下实践指导、小组集中讨论以及线上线下学员和师生互动等多种形式，为老年学员提供了一个灵活多样的学习环境。这种教学模式具有以下几方面的可行性。

第一，老年学员可以充分利用碎片化时间进行线上自主学习。这种学习方式突破了时空的限制，使老年人能够根据自身情况灵活安排学习时间。例如，有些老年人可能由于身体原因，不能长时间坐立参加传统的课堂教学。线上学习可以让他们在身体允许的时间段内进行学习，减少身体不适带来的困扰。同时，线上学习还可以帮助那些生活在偏远地区的老年人，克服地理位置的限制，享受到优质的教育资源。

第二，微课的形式特别适合老年人的学习特点。老年人相较于年轻人，注意力集中时间较短，且对于新知识的吸收和掌握能力相对较弱。微课程通常时长在8到15分钟之间，内容精简，重点突出，更符合老年人的学习习惯。相比长时间的传统课堂授课，微课程不仅减轻了老年人的学习负担，还能够通过短小精悍的内容设计，提高其学习效果。此外，微课程的灵活性使得老年人可以随时暂停或反复观看，确保他们能够充分理解和掌握每一个知识点。

第三，微课程依托于互联网技术，老年学员可以在网上直接观看，或者将课程下载保存到学习终端进行学习。这种灵活性使学习过程更加自主和自由。老年学员可以根据自己的理解进度来调节学习节奏，重复观看有难度的部分，或者在需要时暂停学习进行思考和消化。同时，微课程还可以配合提供教案、课件等辅助学习资源，帮助老年人更好地理解和巩固所学内容。这些资源的易获取性和多样性，为老年人提供了丰富的学习支持。

随着社会老龄化程度的加深，适老化互联网应用和软件的推广力度不断加大。越来越多的老年人开始融入信息化社会，并能独立完成信息查找等网络活动。这表明老年群体对互联网的接受度和使用能力正在不断提升，使得在线微课程成为老年教育的一种可行选择。

此外，线上线下混合式教学模式还可以通过线下实践指导和小组讨论等方式，增强学习效果。在实践指导环节中，老年学员可以在教师的指导下进行实际操作，巩固线上学习的知识。同时，小组讨论可以促进老年学员之间的交流和合作，提升他们的社会参与感和认同感。这种互动和交流不仅有助于知识的深化理解，还能帮助老年人建立社交网络，增强他们的归属感和幸福感。

总的来说，线上线下混合式教学模式在老年智能教育中的应用具有很高的可行性。这种模式不仅能够利用现代技术满足老年人灵活多样的学习需求，还能克服传统课堂教学的种种限制，为老年人提供更多的学习机会和平台。随着社会信息化的发展和老年人对新技术接受度的提高，这种教学模式在老年教育中有着广阔的应用前景。

二、老年智能教育混合式教学探索

随着信息化社会的不断发展，老年智能教育课程在帮助老年人掌握智能手机使用及常用软件应用方面扮演着至关重要的角色。这类课程不仅旨在提升老年人在智能技术方面的认知水平和应用能力，还希望通过教育促进老年人更新观念、增强自我效能感，进而共享信息化社会带来的便利和智能化体验。这些课程的核心目标是增强老年人的获得感、幸福感和安全感。为实现这一目标，教学团队采取了一系列创新的措施，以淡化教师的主导角色，突出老年学习者的主体地位。

（一）课程设计与实施

在课程设计方面，教学团队着重从老年学员的学习动机、知识基础、认知能力、学习环境及身心状态等因素出发，制定了分层次、分模块的教学内容。课程内容从浅入深，充分利用线上微课资源的优势进行设计，确保语言精简、知识点清晰，以适应不同知识层次的学员。针对基础较好的学员，课程还提供了软件扩展知识，以帮助他们进一步提升智能技术应用水平。当前的线上课程包括七大模块：智能手机基础、微信基础应用、微信高级应用、出行必备手机软件、娱乐休闲软件、线上购物支付软件和外联智能设备等。每个模块被细分为3到5个小节，小节内容既独立又相互关联，形成了系统的知识体系。[1]每节课程中的"你知道吗"环节旨在提升具备一定智能技术基础的学员的技能水平。此外，教师在讲授过程中注重思考式教学，帮助学员理解操作的逻辑，培养他们主动思考和解决问题的能力，从而减少对教师的依赖。

（二）高质量学习资源的建设

高质量的适老化学习资源建设是课程设计的重要组成部分。学习资源需要根据老年学员的特点进行调整，确保文字资源图文并茂，重点内容醒目突出，字体适合老年人阅读。在微课制作中，采用视频和动画演示的形式，可以使知识点的展示更加生动有趣。资源的系统性和连续性，以及知识点的独立性，都是提高老年学员学习效果的关键。目前，教学团队已制作了两套老年智能技术应用教材及对应的系列视频和课件，这些教材涵盖了智能手机基础、微信应用、出行常用软件等内容。教材遵循易用、可用、易学、易懂的原则，确保讲解步骤经过多手机、多系统验证，符合市面上大多数手机的通用操作标准，从而提高了教学的实用性和有效性。

（三）多元化教学方式的应用

多元化的教学方式是本课程的一个显著特点。课程包括线上讲授、自学

---

① 王启凡.老年智能教育线上线下混合式教学模式探索[J].互联网周刊，2022（21）：56-59.

自练、线下辅导和学员互助等多种形式。老年学员可以通过文字教材和教学视频进行自学，遇到问题时可以通过线上或线下辅导解决。此外，学员之间可以通过各种线上渠道进行交流和互助，增加学习的互动性和趣味性。现代信息技术的发展，为教学手段的多样化提供了可能性，如微信群聊、公众号、视频号、网络直播等均可以被有效地应用于教学中。智能技术的进步，如3D、AR、VR和5G，也为老年教育提供了丰富的教学资源和手段，增强了老年学员的学习体验。

（四）线上线下互动与情感需求

老年学员不仅需要与教师进行面对面的交流，也渴望与其他学员互动。虽然线下互动仍是最受欢迎的方式，但通过智能手机和社交软件，线上互动可以更加便捷和频繁。目前，山东开放大学老年教育教学班主要通过"微学圈"、微信群、微信公众号和微信视频号等渠道进行交流互动。这种线上线下的互动模式不仅满足了老年学员的互动需求，还通过动态评价及时发现并解决学员的学习和情感问题，从而不断优化教学内容和方式。

老年智能教育的混合式教学探索通过细致的课程设计、高质量学习资源建设、多元化教学方式的应用以及关注线上线下互动和情感需求，为老年学员提供了一个全面、系统的学习平台。这种探索不仅提升了老年人的智能技术应用能力，也增强了他们在信息化社会中的自信和幸福感。

三、老年智能教育未来突破

随着社会信息化进程的不断推进，老年智能教育的未来突破面临着多个关键方向，这些突破不仅涉及教育资源的统筹共享、沉浸式体验式教学情境的打造，还包括形成互助的文化氛围等方面。这些方向的实现将有助于提升老年人的信息素养，促进其有效融入智能社会。

（一）统筹共享社会资源

老年智能教育的有效推进需要依赖广泛的社会支持和资源共享。与传统学历教育不同，老年教育的学习主体有其特殊性，如生理、心理及社会性弱势，要求更具针对性的教育设计和资源配置。为解决当前教育资源投入不足的问题，必须建立一个综合的社会支持体系，统筹资金、师资和技术支持。

关键措施包括建立社会支持网络，鼓励政府、企业、社会组织及个人共同参与，通过资源共享解决资金和师资短缺。例如，企业可以提供技术支持，社会组织可以组织志愿者，而政府可以提供政策支持和资金补贴。此外，鼓励企业和个人通过法律法规和政策引导，积极参与老年教育活动，并利用企业资源如技术平台和培训课程，为老年人提供更多学习机会。

进一步的措施还包括发展线上教育平台，构建"最后一公里"学习圈，通过技术手段打破地域限制，实现老年人对智能技术的便捷接触。通过招募不同年龄段和领域的志愿者，提供个性化辅导，促进老年人信息素养的提升，确保他们能够享受到智能社会带来的便利。

（二）打造沉浸式体验式教学情境

打造沉浸式体验式教学情境是提升老年人智能技术应用能力的关键方法。老年群体在学习新技术时常面临认知障碍，因此，利用具身学习理论和体验式学习理论来设计教学情境显得尤为重要。

具身学习理论强调通过身体感觉和运动系统与环境的互动，促进学习者在认知、心理和情感层面上的变化。因此，教学设计应紧密结合老年人的实际生活场景，创造真实且贴近生活的学习环境，以增强学习的实效性和感知度。

体验式学习理论则注重学习者在特定情境中的互动，通过与教师、同学和环境的互动来获取新的认知和技能。设计沉浸式学习情境，比如模拟生活环境的互动体验和实用技能的现场操作，可以有效提升老年人的学习兴趣和动机，使学习过程更加生动有趣。

（三）形成互助的文化氛围

形成互助的文化氛围对于老年智能教育的持续发展至关重要。智能技术的快速更新要求老年学员不仅能够模仿操作，还要具备自主解决问题的能力。利用群体文化效应，可以通过以下方式促进这一目标的实现。

首先，构建智能技术学习共同体，通过组织学习小组或兴趣班，鼓励老年人之间的交流和互助。这种共同体不仅提升了技术知识和技能，还增强了老年人的归属感和社会参与感。

其次，促进亦师亦友的同伴关系，使学员在学习过程中既是学习伙伴，又是朋友。通过相互尊重、合作和支持，形成良好的学习氛围，既能提升学习效果，也能增强老年人的社会连接感。

最后，推动社会认同和支持，通过宣传和倡导来增强对老年教育互助文化的关注，鼓励更多人参与其中，为老年人提供更多学习机会和资源。

老年智能教育的未来突破需要综合考虑社会资源的统筹共享、沉浸式体验式教学的设计以及互助文化氛围的形成。通过建立有效的社会支持体系，设计适合老年人实际需求的教学情境，并推动积极的互助文化，将有助于提升老年人的智能技术应用能力，帮助他们更好地融入智能社会，实现更高质量的生活。

第三节　公共图书馆老年读者服务成效提升

一、政策法律和资金方面

在政策、法律和资金方面，服务于老年人的图书馆亟须完善和加强，以确保老年人能够充分享有图书馆资源。以下是关于制定完备政策法律和完善资金来源的详细探讨。

（一）完善的政策和法律框架

1.建立四级法治体系

图书馆服务体系的发展需要一个完善的法律法规体系来支撑。这个体系应该包括国家、部门、地方及行业四个层次。

（1）国家层次

国家级法律是保障老年人通过图书馆获取知识权利的根本。当前，涉及老年人权益和公共文化设施的法律主要包括《老年人权益保障法》和《公共文化体育设施条例》。然而，对于图书馆服务，特别是老年人服务，还缺乏专门的法律保障。[①]《图书馆法》作为一部专门的法律，可以提供对图书馆服务的强制性和普及性保障。目前，我国在这一领域的立法还不完善，需要加快立法进程，确保老年人享有的知识获取权利得到法律支持。

（2）部门层次

相关部门的规章制度对于图书馆的运营有着指导意义。例如，文化部和财政部联合发布的《全国文化信息资源共享工程实施通知》，为全国的文化信息资源共享提供了政策支持。[②]此外，民政部制定的《中国老龄事业发展"十一五"规划》也对老年人服务进行了规划，这些部门规章可以为图书馆提供政策和资金支持。

（3）地方层次

地方性法规和规章对本地图书馆的运营和管理有着重要意义。尽管一些地方已经制定了如《湖北省公共图书馆条例》之类的法规，但许多地区仍然缺乏地方性的图书馆法规。这些法规应该明确规定老年人享有的特别服务和优待政策，确保图书馆能够提供符合老年人需求的服务。

---

① 冯子木.老龄化社会背景下公共图书馆服务研究[D].黑龙江大学，2014：29.

② 司莉，陈辰，郭思成.中国图书馆学的应用实践创新及发展研究[J].中国图书馆学报，2021，47（3）：23-42.

（4）行业自律规范

在法律法规未能覆盖的领域，图书馆行业应制定自律规范，补充现有规章的不足。这些规范可以包括服务标准、工作人员的行为准则以及图书馆资源的管理方式，以确保图书馆运营的规范性和透明度。

2.充实法律内容

《公共图书馆宣言》在其各个版本中一再强调，公共图书馆的运营应由公共资金支持，然而，目前我国在法律法规中尚未明确公共图书馆的财政投入保障，尤其是在老年人阅读服务方面，现有的规定过于笼统。例如，《湖北省公共图书馆条例》提到老弱病残读者应获得便利，但未具体说明这些便利的内容和实施方式。未来的法律完善应详细规定老年人服务的各个方面，包括资料、设备、服务项目的提供，营造适合老年人使用的和谐阅读环境。

（二）多渠道资金来源的拓展

1.增加政府财政投入

图书馆的基本运营资金主要依赖于政府的财政拨款。随着国家"文化信息资源共享"工程的推进，图书馆应积极争取更多的政府资金支持，利用国家政策带来的优惠和补贴，提升图书馆的服务能力和资源配置水平。

2.社会融资与合作

除了政府财政支持外，图书馆还应积极拓展其他资金来源，包括社会融资、企业赞助、慈善捐赠等方式。图书馆可以与热心文化事业的企业、个人或社会团体合作，筹集资金支持特定项目，如老年人专属阅读室的建设、老年人活动的组织等。

3.吸引社会名流和个人捐赠

图书馆可以与国外的文化机构建立联系，争取国际援助和捐赠。社会名流、企业家、海外侨胞等都是潜在的捐赠者。图书馆可以通过宣传自身在文化传播和教育方面的贡献，吸引这些社会名流和热心人士的关注和支持。他们的捐赠不仅能缓解图书馆的资金压力，还能提升图书馆的社会形象和影响力。

4.合作办馆

在合理合法的情况下，图书馆可以探索与社会团体、文化机构、教育机构联合办馆。这种合作不仅可以共享资源，还能形成优势互补，提升图书馆的整体服务能力。例如，与老年大学合作，开展老年人数字阅读和信息素养培训；与社区文化中心合作，丰富老年人的文化活动。这种合作模式不仅能拓展图书馆的服务范围，还能吸引更多的社会资源和关注。

完善的政策、法律和多渠道的资金来源是提升老年人服务质量的重要保障。通过建立完善的法治体系、充实法律内容、拓展资金来源，公共图书馆可以为老年人提供更优质的服务，帮助他们更好地融入现代社会，享受数字化和信息化带来的便利。

二、服务环境和馆藏方面

在老年人服务方面，图书馆的设施建设和文献资源配置需针对老年人的特殊需求进行设计和优化，以提供一个友好、便捷的阅读环境。

（一）设施建设

图书馆应严格遵循《老年人建筑设计规范》和《图书馆建筑设计规范》，打造无障碍设施，包括轮椅车道、盲道、防滑道等，确保老年人能够安全便捷地进入图书馆。[1]为帮助老年人导航，图书馆应在出入口设置咨询台和指示图，指示图可以包括电子、语音和大字体版本等。在馆内显眼处设置清晰

---

[1] 杨新.公共图书馆老年读者服务策略分析[J].内蒙古科技与经济，2015（18）：129-130.

的指示牌，方便老年人找到所需的区域。

此外，图书馆应提供老年人辅助阅读设备，如放大镜、朗读设备、网络接口和电源插座等，为视障读者提供OCR光学文字识别设备和有声化OPAC检索系统，以便他们能够顺利获取信息。同时，设立老年人专用窗口和阅览室，为他们提供专座，确保老年人能够舒适地使用图书馆资源。

在图书馆的内部布局规划中，应当秉持开放性的设计理念，确保建筑之间的间距充足，整体布局需简洁且流畅，旨在规避复杂的行走路径与不必要的空间分隔，从而为老年读者群体营造出通畅无阻的通行环境。在细节设置上，需注重标识系统的清晰性、咨询处的易寻性、休息区的舒适度以及装饰物的恰当布置，确保所有设施均能满足老年读者的实际需求。特别地，应优先考虑将老年人高频使用的阅览室设置于低楼层区域，以便他们能够更加便捷地使用这些服务。此外，为进一步提升老年读者的使用体验，图书馆还应配备电梯等辅助设施，确保他们能够轻松抵达高楼层区域，享受更为全面的服务。

（二）阅读环境

在建筑设计领域，图书馆应高度重视并有效利用自然光与自然通风，以满足老年群体对优质空气与充足阳光的特定需求。室内设计方面，则需注重艺术氛围的营造与色彩的精心搭配，旨在打造一个既赏心悦目又适宜阅读的温馨环境。同时，外部环境亦需与图书馆的整体文化氛围相协调，共同构建和谐的阅读空间。

针对老年人心理特征，色彩的选择尤为重要。暖色调能够营造温馨舒适的氛围，而冷色调则赋予空间以清雅之感。因此，图书馆应避免采用传统的黑白配色方案，转而选用明亮的色彩来提升室内明亮度，并确保书架、阅览桌椅等家具的色彩与室内整体色调和谐统一，避免过于突兀的色差对阅读体验造成不利影响。

此外，适宜的温度与湿度也是保障良好阅读体验的关键因素。研究表明，当室内温度维持在18℃左右时，人脑的反应最为敏捷；一旦温度超过30℃，人的思维速度便会显著下降。因此，图书馆应严格控制室内温度。同时，湿度也应保持在40%～60%的适宜范围内。

安静的环境对于老年读者的阅读体验同样至关重要。为此，图书馆在选材与布局上应充分考虑降噪与吸声效果，选择具有优良弹性和韧性的地面材料，并采用专业的降噪与吸声材料，以最大限度地减少人流噪音及设备运转噪音对阅读环境的干扰。

在辅助设备上，图书馆应提供符合人体工学的桌椅和书架，阅览桌上应放置辅助阅读设备，如放大镜和单独的小台灯，确保老年人有足够的光线进行阅读。此外，图书馆还应提供热水、餐饮和简单的医疗服务，以满足老年人的基本需求。

（三）文献资源

在文献资源的建设上，图书馆应重点加强适合老年人的各类文献资源，如政治历史、生活实用技术、医疗保健、经济法律、文学艺术作品以及乡土特色等。图书馆应提供多元化的阅读载体，包括报刊、书籍、电子书、磁带和录音等，特别是大字本书籍和无障碍网络信息资源，确保老年人能够方便地获取信息。

在资源的选择上，图书馆应注重文献的更新性、持续性和多样性。图书馆应致力于积极搜集并采购适宜老年人阅读的文献资料，同时，基于自身设备与人力资源状况，自主制作大字体文本及音像资料，以满足老年读者的特殊需求。在提供网络资源时，图书馆需特别关注有声画面的品质，确保声音清晰响亮，并优化资料格式、颜色及字体设置，使之更加贴合老年读者的阅读习惯与偏好。通过上述举措的实施，图书馆旨在为老年读者群体打造一个温馨、便捷且内容丰富的阅读环境，从而提升其阅读体验。

三、服务内容方面

为了更好地服务老年读者，图书馆应加强个性化服务，坚持"以人为本"的服务理念，并建立完善的电子信息网络及人工服务系统。

首先，图书馆应当深入探究老年群体的特性及其信息需求，这一目标的实现可通过构建老年读者阅读档案来达成。具体而言，图书馆可积极寻求与当地民政部门、社区居委会及老年公寓等机构的合作，采取区域化策略，对老年读者进行全面备案。这些档案应详尽记录老年读者的年龄层次、阅读兴趣、健康状况、偏好的阅读方式、教育背景、职业履历、家庭状况及其对阅读的具体期望等多元信息。通过实施分类管理策略，依据不同标准对老年读者进行细致划分，图书馆将能更精准地提供定制化服务。此外，图书馆在强化馆内服务的同时，亦需积极拓展馆外服务领域，例如，在社区中心、养老院等老年人聚集地开展送书上门等便民活动，以此扩大服务覆盖范围，确保更多老年读者能够享受到图书馆的资源与服务。在馆内，应专设老年阅览室，并配备适宜的阅读设备，同时确保拥有充足的开放空间及丰富的馆藏资源，为老年读者营造一个便捷、舒适的阅读环境，使其能够轻松进出图书馆，享受阅读的乐趣。

坚持"以人为本"的服务方式是公共图书馆的核心价值理念之一。图书馆应尊重每一位老年读者，认识到他们在社会发展中的贡献，并在服务中体现对老年人的尊重和珍视。图书馆还应激励老年人积极参与阅读，帮助他们认识到阅读对身心健康的益处，提供更多的人性化服务和参与机会，使老年人感受到阅读的积极作用。同时，图书馆应特别关注老年读者的特殊需求，为其提供更多细致的服务，如适合老年人的阅读材料和设备，确保他们能够平等参与阅读活动。

对于有读者档案的老年读者，图书馆应提供便利的电子网络服务，如电话借阅系统，通过电话沟通借阅图书、音像资料等。图书馆还应提供在线网络服务，设计符合老年人需求的网站，使用大字体、图片化的内容，并提供有声介绍和在线实时交流等功能。老年读者只需登录网站，即可享受所有馆内服务，并能够在线获取馆藏资源和其他合作图书馆的资源。

尽管电子网络服务已相对完善，但仍有许多老年人不熟悉或不便于使用这些技术，因此图书馆应建立人工服务系统，如送书上门服务。对于提出需求的老年读者，图书馆应立即安排送书上门，或通过快递邮寄图书资料。馆员在送书时还应向读者介绍图书馆的服务和资源目录，提供专业朗读服务，特别是对于视力、视野或色觉有障碍的老年人。通过这些措施，图书馆可以为老年读者提供全方位的优质阅读服务，提升他们的阅读体验。

四、管理人员培养方面

在提升公共图书馆对老年读者服务水平的过程中，管理人员的培养显得尤为重要。

（一）建立馆员队伍资格考核制度

为了提升图书馆的服务质量，需要建立系统化的馆员资格考核制度。当前的考核机制存在标准不一和用人随意的问题，因此应采取以下措施予以完善。

首先，加强职业资格考核。通过制定并实施标准化的考试，全面评估图书馆员在管理、服务技巧和信息检索等方面的专业能力，以确保他们能够提供高质量的服务。

其次，引入全国统一的资格认证体系，通过考试和认证来保证从业人员的专业素质。这样的职业证书制度将明确专业标准，确保只有合格的人员能从事图书馆相关工作，从而提高服务水平。

最后，建立科学公正的人才选用机制。包括系统化的选拔、培训和评估，以明确专业人员与岗位人员的分工，避免因用人随意而导致的服务质量不均。这些措施将有助于确保图书馆员具备所需的专业能力，并提升整体服务质量。

（二）强化专业素质与心理素质培训

提高图书馆员的专业素质和心理素质是提升服务水平的关键。具体措施如下。

首先，专业素质培训应定期开展，内容涵盖图书馆管理、信息检索技巧和服务礼仪等方面。培训旨在提升图书馆员的专业能力和服务技巧，以更好地满足老年读者的需求。

其次，心理素质培训也至关重要。这种培训帮助图书馆员掌握处理老年读者情感需求的技能，包括应对焦虑、尊重个体差异并提供心理支持和安慰，从而更有效地满足老年人的心理需求。

最后，仪容仪表和行为规范的要求应得到重视。图书馆员应保持得体的举止，确保仪容仪表符合职业标准，行为礼貌周到，使老年读者感受到尊重和亲切，从而提升整体服务质量。

（三）提升沟通技巧与互动质量

首先，应建立有效的沟通渠道，确保信息传递及时且准确，设立良好的反馈机制，以便老年读者能够方便地提出问题和建议，获得及时回应。

其次，倾听与反馈是关键。图书馆员需要积极倾听老年读者的需求和意见，提供清晰、准确的反馈。这种双向沟通有助于更好地理解读者的期望，根据反馈改进服务。

最后，情绪控制也是提升服务质量的必要措施。图书馆员在服务过程中应保持情绪稳定，控制自身情绪波动，以提供一致且可靠的服务。有助于建立良好的互动关系，增强老年读者的信任感。

通过以上系统性的培养和培训措施，可以显著提高公共图书馆管理人员的服务水平，满足老年读者的多样化需求，从而提升他们的用户体验和满意度。

第六章

数字智慧养老视角下的养老服务体系优化路径

第一节　数智视角下的老年服务模式

个性化服务作为智慧老年服务模式的核心，其重要性不言而喻，其需求体现在多个维度。

首先，现代老年群体展现出多元化的兴趣爱好。随着社会的进步与教育水平的提升，他们不再局限于传统的休闲方式，而是积极追求新事物、新文化，并渴望深度参与。旅游需求已从简单的观光转变为追求体验；艺术与摄影成为他们表达自我的重要途径；有许多老年人对学习新技能抱有浓厚兴趣。

其次，老年人在健康需求上也呈现出多样化的趋势。每个人的身体状况与需求都是独特的。例如，有的老年人需要定期监测血糖、血压，而有的则因手术或意外伤害需要特殊的康复治疗。随着健康意识的增强，许多老年人开始寻求针对性的饮食、锻炼或心理建议，以更好地管理和维护自身健康。

再者，社交与沟通需求在老年人群中同样重要。尽管面临身体健康的挑战，但他们的社交需求并未减弱。许多老年人渴望与同龄人交流，分享人生经验；同时，他们也希望能与远在他乡的亲人、孙辈保持密切联系，通过视频通话分享生活中的点滴。

为满足这些个性化需求，智慧老年服务模式精心打造了一系列解决方案。其中，智能推荐系统利用深度学习与算法技术，为用户提供高度个性化的服务。例如，当系统检测到老年用户对园艺内容表现出浓厚兴趣时，会智能推荐当地的园艺俱乐部活动或专业课程，并充分考虑其移动范围与时间偏好，使推荐更加贴心实用。

健康定制服务则通过物联网设备（如智能手环、智能血压计等）实时监测老年人的健康状况，并结合人工智能分析提供精准的健康建议。无论是运动量调整、饮食指导还是康复计划制定，系统都能为老年人提供全方位的支持。

虚拟社交平台作为创新之举，利用AR或VR技术可为老年人营造身临其境的社交体验。在虚拟空间中与家人共度佳节、与朋友参观博物馆等活动极大地丰富了老年人的社交生活。

此外，智慧老年服务模式还注重老年人的学习与成长需求。除传统学习内容外还提供基于虚拟现实的历史课程、增强现实技术展示的未来世界预测等创新课程，以帮助老年人紧跟时代步伐。

移动助手应用的诞生更是极大地方便了老年人的日常生活。该应用集成的多种功能简化了操作流程，使老年人能够轻松驾驭现代科技。AI助手根据老年人的日常习惯自动规划行程、购物清单等；AR技术则帮助老年人在外出时实时翻译陌生语言或标识，提升他们的出行自信。

然而，在智慧老年服务模式快速发展的同时，安全与隐私问题也不容忽视。老年人因普遍数字素养较低而容易受到网络攻击或个人信息泄露的威胁。为此，必须加强个人健康数据的保护采用端到端加密和严格的数据访问权限限制制度确保数据的安全存储与传输。物联网设备的安全性也要求设备制造商与服务提供商需不断更新和修复已知漏洞提升设备的安全防护能力。此外，还需对老年人进行隐私教育与培训增强他们的隐私保护意识。

在实施智慧老年服务模式时技术的无缝集成是关键。大数据、物联网与人工智能等技术的紧密结合是核心所在。为确保系统的流畅运行各技术模块间的兼容性与互操作性必须得到充分保障。同时，还需注重用户体验设计时充分考虑老年人的特点使界面直观、操作简单易用。此外，为保证新系统的高效应用，还需对老年用户及服务提供者进行持续的培训与教育。

从效益角度来看，智慧老年服务模式带来了多方面的积极影响。在经济层面远程医疗服务的推广有效降低了医疗费用；在健康层面，个性化建议的提供显著提升了老年人的生活质量；在社会层面，新模式的实施鼓励了老年人的社交参与；在环境层面，智能家居技术的应用实现了资源与能源的节约。此外，在线资源的丰富还为老年人提供了继续学习与探索的机会，有助于促进教育与文化的繁荣发展。

面对全球老龄化趋势的加剧，为老年人提供创新、高效且富有人情味的服务模式已成为当务之急。数据与科技的结合为我们应对这一挑战提供了新的思路与解决方案。通过深入研究老年人的真实需求并加强跨学科合作，有望为老年人创造一个真正的智慧生活环境，让他们在享受科技便利的同时感受到社会的温暖与关怀。

第二节　现代服务理念下的智慧康养

智慧养老应以老年人为中心，根据其需求和数字能力提供定制化服务。通过理解老年人的信息需求层次（生理、安全、情感交流、受尊重、自我实现），智慧养老平台可提供相应的支持，如智能家居设备、远程医疗、社交网络等。此外，评估和提升老年人的数字能力，设计用户友好的界面，并增强安全意识教育，能够更好地满足老年人需求，提高生活质量，同时尊重其主体性地位。

一、"互联网+"康养旅游路径

（一）丰富康养产品，服务康养游客

移动互联网的崛起为康养旅游行业带来了许多机遇。

首先，它打破了地域限制，让游客能随时通过智能手机获取所需的航班、酒店和景点信息，还可以方便地支付费用。这种便捷的体验使康养旅游的需求能够随时随地满足，极大地增强了游客的舒适性和便利性。

其次，移动互联网促进了康养产品的多样化和改进。康养旅游企业可以依托移动互联网获得客户的实时反馈和评价，了解其消费习惯和需求，进而改进和创新康养产品。这种互动的反馈机制提升了康养产品的质量和个性化服务需求。

最后，移动互联网扩展了康养旅游的社交互动性。通过各类社交媒体，游客可以分享旅行心得和体验，提升康养旅游的社交价值。这种分享和互动扩大了康养旅游产品的宣传范围，促进了产品的推广和市场影响力的提升。

不过，需要注意的是，虽然移动互联网为康养旅游提供了诸多机遇，但也会面临着数据隐私和信息安全等挑战。保障用户信息安全和隐私，提高网络安全防护是确保移动互联网康养旅游顺利发展的关键因素之一。

（二）平衡服务资源，发展康养旅游

随着康养旅游业的迅速发展，利用云计算等先进技术对其服务资源进行平衡和优化是至关重要的。云计算技术为康养旅游提供了实时、动态、灵活的资源调度和平衡机制，实现服务资源的高效利用，满足客户多样化的需求。这种技术优势可以使旅游企业根据不同的旅游需求和时段，动态分配资源，有效规划服务供给，降低旅游服务浪费，最大限度地提升服务效率。

康养旅游作为体验型商品，其个性化定制需求日益增加。云计算技术为康养旅游提供了巨大的创新空间，通过数据分析和个性化体验，企业可以更好地满足老年人的需求，如通过AR或VR应用，为老年人提供更丰富的康养体验，加强景区与游客之间的互动，让客户更直观地感受康养体验。

另外，利用云计算技术对康养旅游的管理和服务优化，可以减少运营成本，提高效率。这不仅让企业更具竞争力，也能为游客提供更便捷、快速、高品质的服务。例如，酒店可以通过云计算实时展示信息，使顾客更加直观地了解酒店的服务和设施，提升了体验和满意度。

然而，应当关注数据安全和隐私保护等问题，确保在云计算技术应用过程中的数据安全，避免可能的隐私泄露和信息安全风险。同时，确保技术服务的公平性和透明度，保障用户权益和提升行业信誉。

（三）建立信息系统，拓宽宣传渠道

大数据的应用为康养旅游带来了深远的影响，尤其是在建立信息系统和拓宽宣传渠道方面。通过构建康养旅游信息数据库，大数据分析可实现对老年人偏好和消费习惯的了解，从而提供个性化、人性化的服务，为老年人量身定制康养产品和旅游路线。这有助于企业更好地满足客户需求，提高服务品质和效率。此外，大数据分析还可以预测客流量、舒适度、交通状况等，使老年人能更有效地安排行程，提升整体出游体验。

在拓宽宣传渠道方面，大数据的整合和分析为康养旅游企业提供了更全面、精准的宣传方式。传统宣传往往受限于单一媒体，但利用大数据分析后，企业可以更有效地利用微信、微博等社交平台，将康养旅游产品和服务信息传播给更广泛的老年人。这种多渠道的宣传方式带来更直接、迅速的信息传播，提高了信息透明度和互动性。同时，通过老年用户在这些平台上分享的经验和评价，可吸引更多的老年人体验产品与服务。

然而，在使用大数据时，企业应格外关注数据隐私和保护，确保收集和使用数据符合法规并保障用户隐私。此外，确保数据的准确性和分析的可靠性也至关重要，以免出现误导性的信息传播或决策错误。

（四）提升管理水平，提高游客体验

物联网在康养旅游业的应用为管理水平和游客体验的提升带来了显著

影响。

首先，物联网的技术应用提高了康养旅游业的运营效率。通过电子票务系统和"一卡通"服务，老年人在购票、验票、消费支付等流程上更加高效，节省时间，提升了景区的服务质量和管理水平。

其次，物联网技术的使用降低了景区监控成本，并增强了资源与环境的保护。它提供了实时监测和追踪系统，减少资源破坏的可能性，促进可持续发展。

再次，物联网技术的应用提高了安全管理水平。通过GPS定位技术，可以快速找到走失的老年人，保障游客的安全。同样，对网络交易和信息安全的关注，以防止黑客攻击和提高支付安全，是至关重要的。

最后，物联网为老年人提供更优质的服务和体验。通过导航系统、电子导览服务以及RFID技术，老年人可以更好地了解景点信息和优化旅游行程，提升游客的体验感受。

然而，数据隐私保护和网络安全是物联网应用中需要高度重视的方面，必须确保收集的数据和信息安全，并遵循相关法规，以保护用户的个人信息不被泄露。除此之外，康养旅游企业需要升级现有设施和设备，以适应物联网系统，这可能需要大量的投资和技术更新。

二、智能化养老问题的解决策略

（一）智能化养老运行原则

智能化养老是未来养老服务发展的趋势，为了使其更好地服务老年人并尊重他们的需求和尊严，需要遵循一系列重要原则。这些原则主要包括以人为本、安全可控和知情同意。

（1）以人为本原则。智能化养老要将老年人的需求、利益和尊严置于首位，从而设计和提供养老服务。在产品设计中，应充分考虑老年人的个人特点，如身体状况和认知能力，以确保产品的适老性。同时，强调尊重老人的隐私和个性，避免侵犯他们的尊严和隐私，提升产品的人性化，使其更贴近老年人的实际需求。

（2）安全可控原则。科技的应用需要确保老年人的安全，避免技术可能带来的伤害。这包括对技术应用的安全问题进行重视和科技自我掌控的意识，以确保技术不会失控，从而造成潜在的伤害。在这个原则下，重视老年人群体的安全和使用的技术设备的控制至关重要。

（3）知情同意原则。此原则强调在个人信息收集、处理、利用和传输中，须在充分告知的前提下取得老年人的明确同意。在养老产品的设计和推广过程中，产品设计者和销售者需要充分告知消费者产品的真实情况，避免信息不对称和产品欺骗。

（二）消解智能化养老问题的具体策略

1.优化信息平台实现资源共享

智能化养老领域对信息共享与资源整合提出了迫切需求。为此，建立一个充分利用信息科技、信息资源共享的智能化养老信息平台是必要的。此平台涵盖了各类养老资源，包括政府、养老服务提供方、智能设备，以及老年人及其家属。

该平台的重要性在于促进资源共享和信息交流。通过各方公开、透明地发布信息，实现养老资源的整合与分享。同时，为了更好地服务老年人，平台对智能化养老服务进行了服务申请、服务实施、服务完成以及服务评价的细分，从而提供更个性化的服务。

另外，建立老年人养老专属信息库也非常重要。这个信息库收集详细的老年人个人信息，包括基本信息、健康数据、家属联系方式等，以实现更有效的个性化服务。此外，专属信息库还能为有再就业意愿的老年人提供招聘信息，使之更容易融入就业市场。

在建立信息库和平台的过程中，确保信息的真实性、可靠性和安全性十分重要。这意味着平台要具备大容量、高安全性，确保用户数据的隐私与保密。同时，尊重老年人的意愿也是一个重要原则，要在收集信息时与老年人进行沟通，并尊重其决策。

整体而言，建立智能化养老信息平台和老年人专属信息库是为了更好地服务老年群体，并实现资源共享和信息整合。这些措施借助信息科技，增进了老年人的福祉，打破了资源不均的局限，真正地实现为每位老年人提供更贴心、个性化的服务。

2.切实发挥多元主体协同机制

智能化养老的发展需要多元主体协同机制，意味着政府、科技企业、养老机构、社会服务组织以及老年人本身等不同方面需共同参与配合。这种合作与协同机制的建立对于智能化养老服务的发展至关重要。

（1）政府引导与作用

政府在智能化养老中担任引导和监督角色。通过政策制定，政府可以激励各界成员，特别是科技企业和养老服务机构，进入智能化养老市场。政府还需要确保智能化养老发展的方向和规划，促进市场的良性发展并监督管理，保障服务质量。

（2）科技企业的责任

科技企业需要承担社会责任，不断推进智能化养老的科技创新。科技企业的创新能力和发展决定着智能养老产品的质量和水平。通过科技创新，这些企业能够不断提升智能养老产品的性能和适用性。

（3）养老机构和社会服务组织

养老机构和社会服务组织需要发挥其专业优势，提供高质量的服务并充当政府和公众之间的桥梁。它们的职责在于提供优质的服务，同时联系政府并进行信息沟通，使服务更贴近老年人的需求。

（4）老年人和公众的角色

老年人和公众本身在智能化养老中起着关键作用。老年人需要正确认识科技参与养老的优势，并提高自身的科技素养。同时，他们的需求和建议可以对养老服务产生积极影响。

（5）协同合作

每个参与者在各自的领域做出努力并确保与其他主体间的有效沟通，以推进智能化养老服务的发展。只有当各方相互合作、加强协调，整个服务流程才能更加顺畅、快捷，更好地服务老年人，使智能化养老服务覆盖范围更加广泛。

在智能化养老的道路上，多元主体的协同合作能够推动智能化养老服务向更加健全、切实可行的方向迈进。

3.落实智能化养老监督与管理

智能化养老服务的发展在当前社会扮演着重要的角色，同时也带来了一系列监管和管理问题。解决这些问题需要政府的明确政策指导以及法律法规的完善。

（1）划定统一服务标准

智能技术参与养老服务的缺乏统一的监管制度，可能导致行业乱象。为确保老年人安全与服务质量，政府可以在养老服务的前、中、后三个阶段制定管理标准。包括设立产品检测标准，提高产品的质量和安全系数，为老年群体使用产品安全把好关；同时，在产品服务阶段，设定不同的服务规范以满足老年人的生活实际需求，并设立人才管理条例和维修标准以确保服务的持续性和质量。

（2）完善法律制度体系

随着智能技术在养老服务中的广泛应用，我国的养老服务法律制度需要迅速适应变革。要求迅速建立智能技术养老服务的法律体系。明确行业准入规则、权责范围，加强对违规行为的惩治，以及修订现有法律以适应智能技术参与养老服务的要求。

这些措施能够确保智能化养老服务在提供高质量服务的同时，保障老年人的权益和安全。政府的政策制定和法律体系的完善能为智能技术参与养老服务的规范和可持续发展提供有力支持。

4.完善智能养老人才培养体系

智能化养老服务的成功离不开专业人才的培养和不断完善的人才培育体系，需要全面关注人才培养的方方面面。

（1）加大政策和资金支持

政府应采取政策引导、资金支持等方式，鼓励高校开设养老护理专业、扩大学生招生规模，并提供就业渠道和减免学费。同时，支持社会企业开办养老服务机构，以增加培训和就业机会，并通过专项资金支持养老服务行业，确保养老护理人员薪资待遇和社会福利。

（2）构建智能专业化培养体系

培养计划应结合智能化养老服务的要求，加入技术和心理健康等内容，打造适应智能化养老服务的新人才。不仅要注重基础教育，还要提供更高层次的专业教育，并培养多类型的养老人才，以适应智能化养老服务发展趋势。

（3）促进校企合作

校企合作是人才培养的重要方式。合作将高校和企业资源结合起来，以培养适应现实需求的服务人员，同时提高实践能力。这种模式可以使人才的输出更贴合养老服务的实际需求。

（4）完善考核制度

为确保人才质量，应建立充分的资格审查机制和定期的重新考核机制。除了定期的考试外，也应引入同行评价和被服务者评价，从多个角度对服务人员进行全面考核，激励其不断学习，提升专业技能。

智能化养老服务人才的培养是保障智能化服务质量和可持续发展的基础。政策、资金、教育培训和考核机制的完善能够为智能化养老服务提供充足、高水平的人才支持，让老年人更好地享受智能化养老服务的益处。

第三节　智慧养老中的老年人数字信任建立

一、数字信任的内涵

信任伴随着人类社会的存在而产生。随着现代社会转型，信任的内涵不断发生变化，数字信任作为新型信任模式离不开对传统信任概念及其相关理论的研究。本节在信任演化理论和技术接受理论的基础上，从学理角度构建数字信任概念，并通过分析其特征和形成过程的相关主体使这一新型信任模式更加清晰。

（一）相关概念与理论基础

1.信任的起源和演变

信任作为日常互动的基础，是一个多学科交叉研究的重点议题。随着社会分工的精细化、交往的陌生化和人类对系统的依赖性加强等原因，信任的多学科概念日益丰富。20世纪50年代，美国心理学家多耶夫、霍夫兰、詹尼斯和凯利等学者开辟了信任的实证研究。随着市场经济的发展和社会的现代化，从20世纪70年代开始，信任成为西方学界研究的热门话题，更多的学者意识到信任的理论价值和现实意义。

从起源来看，信任研究的起源可追溯到个体起源论和社会起源论。一方面，个体起源论认为信任最初起源于人类个体的本体性安全需求，个体信任研究起源于婴儿时期的基本信任。社会发展理论和个人学习理论认为信任是源于经验的个人特质，心理学家埃里克森认为信任是个体在婴儿时期形成的稳定的人格特质，婴儿对母亲的信任感基于早期经验的可预见性、连续性、同一性和情感认同，以及对看护人可信赖的信心。[①]个体在社会化的过程中将这种对看护者的基本信任扩展到其他社会成员，产生普遍信任，并且作为一种稳定的人格特质伴随婴儿成长。吉登斯进一步指出如果个体在婴儿时期经常感觉到焦虑、风险与不安全，缺乏基本信任，长大后会比较孤僻，不太容易相信别人，基本信任是所有信任形成的基础。另一方面，社会交换理论认为信任产生于资源互换过程中，是一种愿意与他人交换的行为意向，社会交换促进了信任的产生。

---

① 胡百精，李由君.互联网与信任重构[J].当代传播，2015（4）：19-25.

2.信任的定义

信任是一个复杂的社会和心理现象，涉及诸多维度。学术界对这一概念的界定莫衷一是，原因在于信任是一个主观性极强的软概念，学者们出于不同的研究视角，对信任的理解表现出个性化的差异。

心理学家认为信任是一种对他人善良所抱有的信念或心理特质，具有不同心理特质或信念的个体具有不同的信任倾向，信任者如何看待人性和对他人善良所抱有的信念影响到信任关系能否顺利建立。[①]多伊奇（M. Deutsch）认为，一个人对某件事的发生具有信任，是指他期待这件事的发生并且相应地采取一种行动，且这种行动的结果与他的预期相反时带来的负面心理影响大于与预期相符时带来的正面心理影响。[②]劳伦斯·S. 赖茨曼（L. S. Wrightsman）和德克斯（K. T. Driks）认为信任是一种个人特质或信念，托马斯（C. W. Thomas）对信任的定义参照对他人行动的期望，埃里克森（Erikson）则更加关注信任者的内部期待。人们在付出信任的同时承担了风险，并有被负面心理伤害的倾向。研究信任离不开信任者，信任关系能否建立取决于信任者是否有对其他社会成员的期待和信任倾向等人格特质。

社会学家主张对信任的研究要深入具体的社会和文化情境，强调信任的本质是社会制度和文化规范的产物。西美尔（G. Simmel）认为，信任是社会中最重要的综合力量之一，现代生活在远比通常了解的更大程度上建立在对他人诚实的信任之上。福山（F. Fukuyama）[③]认为信任是一种社会美德和文化特质，塑造了经济繁荣。

经济学家认为信任是一种理性选择，是人们面对不确定性和可能存在的损益进行慎重的权衡与判断而采取的行动。国外学者[④]指出信任是人们对某人、团体或组织自愿接受有利于他人、团体或组织义务的一种依赖，这些

---

① 高学德.社会流动与人际信任关系研究[D].南京大学，2014：19.

② 赵雪峰.社会认同威胁对信任水平的影响研究[D].西南大学，2011：29.

③ [美]弗朗西斯·福山.信任：社会美德与创造经济繁荣[M].郭华，译.桂林：广西师范大学出版社，2016：44.

④ Hosmer LT,Trust：the connecting link between organizational theory and philosophical ethics[J]. Academy of Management Review,Vol.20,1995.pp.379−403.

个体、团体或组织承认并保护经济交换中参与方的权利与收益。还有学者[①]认为在大多数经济交换中，在交易发生前，并不是每件事情都可以得到检验，因此排除风险是不可能的，所以必须采取信任行为。从一个理性的角度来看，信任包含着双方基于理性计算的期望，这个计算的过程包含着双方一连串行为的成本和收益计算。

信任与风险密切相关。信任的价值和意义正是为了控制和承担风险，减少风险对于社会依存关系的破坏；信任是简化社会复杂性的机制，作为社会资本的重要组成部分，有利于促进社会合作的产生；随着社会的转型、发展和进步，系统信任取代人际信任，需要制度、法律和规则等机制维持；信任模式演变与人类社会发展形态密切相关，信任危机是现代性和社会转型的产物。

信任是个复杂的社会和心理现象，涉及诸多层面和维度。心理学、社会心理学、社会学和经济学等领域的学者采用不同的研究视角来界定信任这一"软概念"，在做信任研究之前，从概念本源的角度找出其基本构成是必要的，信任是集"期待""互动"和"选择"于一体的社会现象。

3.信任的演变机制

信任的演变机制在现代性背景下具有复杂的内涵。安东尼·吉登斯在其理论中探讨了信任与现代性的密切关系，强调现代性发展的三大动力源：时空分离、脱域机制和知识的反思性。他提出[②]，现代性的核心特征之一是时间与空间的连续性遭到破坏，这种变化导致社会关系从传统的、基于面对面互动的社会联系中脱离出来。具体而言，现代社会的发展受到两种脱域机制的驱动：一种是作为交流媒介的象征标志，另一种则是由技术成就和专家体系所构成的专家系统。由于时空分离和脱域机制的深化，现代社会逐渐形成了一个由专家系统主导且依赖象征标志进行交流的社会，信任在这种结构中

---

① Tullberg J,Trust—The importance of trustfulness versus trustworthiness[J]. The Journal of Socio-Economics,Vol，37,2008.pp.2059-2071.

② [德]尼克拉斯·卢曼.信任：一个社会复杂性的简化机制[M].瞿铁鹏，李强，译.上海：上海人民出版社，2005：30.

的作用日益重要。信任关系在这一过程中扮演了现代性扩展的时空延续的基础角色，时空分离和脱域机制的运作都依赖于信任的存在。没有信任，社会成员就无法在抽象的空间中进行有效的互动。随着现代性的发展，主动的信任逐渐取代了被动的信任，形成了能动性的政治思想和社会团结。脱域机制的运行进一步揭示了现代性风险的内在必然性。

（二）数字信任

在数字社会中，新技术的应用和普及导致网络系统和参与者的复杂性显著增加，使社会信任关系从传统农业社会的人际信任和工业社会的制度信任转变为数字社会中的数字信任。学界对数字信任的关注逐渐增多，相关研究不断丰富。这里从数字社会发展视角、网络安全视角和区块链信任机制视角探讨数字信任。

首先，从数字社会发展视角出发，数字信任被定义为"通过技术手段建立的全部或部分信任"。这种信任建立在过往经验或基于实体按照其自我陈述的行为进行的证据上。部分学者将技术使用双方或多方之间形成的信任关系归类为数字信任。数字信任作为数字社会的新型信任模式，是对农业社会的人际信任和工业社会的制度信任的重构，体现了人际信任和系统信任在数字信任通道内和通道间的"信任转移"。崔久强[1]提出，数字信任是在数字技术驱动下形成的信任关系，强调信任的传递高度依赖于数字技术和数字空间。数字身份是构建数字信任体系的核心要素之一，它促成了个人、企业和政府基于数字技术的双向交互信任关系。

其次，从网络安全视角来看，数字社会面临网络攻击、网络犯罪和数据泄露等风险，使网络安全和数据安全成为现代社会的重要课题。数字社会的高度精细化社会分工加剧了网络安全风险。研究者[2]认为，数字信任是用户

---

[1] 崔久强,郑宁,石英村.数字经济时代新型数字信任体系构建 [J].信息安全与通信保密，2020（10）：10-16.

[2] 刘山泉.数字信任建设：加速城市数字化转型 [J].上海信息化，2021（10）：12-16.

对人员、技术和流程在创建安全数字环境方面能力的信心。用户期望通过在线程序或设备获得保障其安全性、可靠性和隐私性的服务。知名科技公司 Target 认为，数字信任是用户对人类、技术和制度共同维护安全数字环境能力的信心，企业和组织通过确保在线程序或设备的安全性、隐私性和数据道德性来获得用户的数字信任。数字信任因此涉及通过制度、管理和技术等综合手段，减少数字空间中的安全风险，并促进数字社会的安全交互和高效运行。

最后，从区块链信任视角分析，数字信任指的是基于对区块链技术的信任而形成的社会信任。区块链技术具备约束性和可信任性，是数字信任构建的关键机制。这种信任源于对算法、系统和技术的普遍信任。区块链技术不仅是信任关系中的被信任者，还扮演第三方角色，即通过主观建构和客观支持的双重途径来建立和维护数字信任。

（三）数字信任的概念构建

在新型社区中，数字信任的构建是一个多维度的过程，涉及认知基础、情感基础和行为基础三个方面，这些基础共同塑造了数字信任的形成。数字信任不仅仅是一个技术问题，更是一个社会和心理层面的现象，其形成和发展需要整合技术、情感和行为等多重因素。

（1）数字信任的形成依赖于认知基础。在社区环境中，居民对他人、组织、技术或系统的认知判断形成了信任的初步基础。卢曼指出[1]，个体对他人的了解程度会影响信任的形成，但这种了解仅仅是信任的起点，而真正的信任是在个体不再执着于获取更多信息时建立的。相对而言，齐美尔[2]则认为信任的认知基础更为极端，完全了解或完全不了解他人都会影响信任的产生。总的来看，社区数字信任的认知基础是一个从陌生到熟悉的动态过程，

---

① [德]尼克拉斯·卢曼.信任：一个社会复杂性的简化机制[M].瞿铁鹏，李强，译.上海：上海人民出版社，2005：45.

② 宗文宙.消费者认知信任影响因素分析 [J].商业经济研究，2021（11）：58-61.

其中，个体的负面经历，如背叛或猜疑会削弱信任基础，影响信任的建立。

（2）情感基础在社区数字信任的建立中也起着关键作用。情感化设计着眼于个体在使用产品或服务时的情感需求，个人在互动中体验到的情感会影响信任的形成。例如，当个体感受到背叛或不诚实时，消极情感会减少信任；而当正向行为的积极效果被证实时，信任的情感基础会得到增强。因此，无论是在个人交往还是系统互动中，情感因素都不可忽视。

（3）行为基础则是指信任的实际行为表现。信任从信念转化为行为，需要个体相信所有参与者都会遵循社会契约和规则，履行其职责并做出符合期望的行为。个体根据过去的经验调整信任关系，这种行为基础是信任的重要体现。在社区中，个体对他人的行为期待是基于对其过去行为的认知和情感反应的结果。

在社会的复杂性增加的背景下，人际信任和数字化信任相辅相成，共同构建新的信任机制。

（四）数字信任的相关影响因素

为准确识别社区数字信任的形成，有必要首先理解社区数字化服务系统的结构及其相关主体。这是构建社区数字信任的必要基础。在社区数字化交易环境下，社区数字信任的主要构成因素可以归结为：施信方（老年人及其家属）、受信方（服务提供商）和信任环境（技术与第三方）。这些相关主体通过数字化信息技术互联互通，共同构成社区数字信任的网络。

社区数字信任作为数字化社区中的新型实践模式和交易环境，同样涉及买家、卖家、第三方和技术环境等要素，核心在于个体对社区数字化服务平台的信任，包括对社区技术环境和制度规则的信任。

1.信任环境：技术维度与制度维度

信任环境涵盖了技术维度和制度维度两个方面。技术环境包括数字化社区的技术框架，如云计算、大数据等技术支持环境及商业流程的技术保障。制度环境则是影响个体是否信任在线交易平台的主要因素，包括数字化交易环境所需遵循的规则和制度。技术维度和制度维度共同影响个体对信任环境的认知，是智慧养老产品采纳的关键因素。

近年来，随着智能家居和各类智能设备的普及，智慧助老系统层出不穷，如养老呼叫中心、养老服务系统、健康监测云平台、医养结合平台和老年在线社交平台等。社区智慧养老通过数字化技术为老年人建立了"安全防线"，使其在熟悉的环境中享受多维度的贴心服务。从技术维度来看，养老服务系统的页面设置是否合理，系统的操作便捷性、安全性等都是影响信任建立的因素。只有当老年人感受到安全的技术环境和软件属性时，他们才会采纳该平台的服务和设备。从制度维度来看，社区养老服务平台的声誉、授权和交易规则对老年人的采纳行为产生影响。在完成线上养老服务交易和评价时，合理制定服务流程及相关规则是必要的。

关于影响老年人采纳信息技术或信息系统的因素，已有研究结合心理学、教育学及医疗保健领域的数据库，将其因素归结为感知有用性、感知易用性、感知愉悦性、自我效能、社会影响、兼容性、促成因素、态度、信任、健康和经验等。其中，感知有用性、感知易用性和感知愉悦性反映了老年人技术使用体验的反馈，而社会影响（包括主观规范）则从制度层面影响老年人对信任环境的认知。

2.信任主体：行为维度

行为维度是影响信任水平的微观维度，主要体现在个体对社区数字化服务系统的信任信念及其转化为信任行为的意图，即从了解型信任到认同型信任的转变。老年人对养老服务平台和数字技术的信任行为受到熟悉程度、信任倾向、认同和文化背景等因素的影响。熟悉程度较高的老年人更容易接受养老平台和智能技术的使用，而文化水平和收入较高的老年人更具备网络操作能力，从而增加了他们的网络订购意愿。愉快的使用体验会增强老年人对智慧养老的信任倾向，使其逐步适应社区养老的新模式，并在文化层面上产生新的社区智慧养老认同感。信任主体的数字信任建立是一个过程，各主体之间的信任水平会相互影响，信任倾向强的社区更有利于形成社区认同感和数字信任。

3.信任客体：信息内容维度、产品维度和交易维度

信任客体包括信息内容维度、产品维度和交易维度，这些维度反映了服务方提供的产品和服务的质量。可信的在线交易系统能够促进信任的建立。首先，智慧养老服务平台需确保服务的及时性和有用性，提供全面且价格公正的养老服务信息以提高社区养老群体的接受度。其次，产品维度涉及在线下单产品或服务的属性，如可靠性、耐用性、质量和定制化服务等。老年人关注技术和服务是否满足他们的实际需求，例如，老年人更偏好面对面交流，智能产品和客户提供的在线沟通可能会降低其使用意愿。最后，交易维度包括在线交易的透明性、服务履行、服务定价和支付选择等因素。社区智慧养老服务平台需充分考虑老年群体的特点，简化使用程序，增加服务的透明性，并优化服务评价反馈功能。

技术维度、制度维度、行为维度、信息内容维度、产品维度和交易维度共同构成了社区数字信任形成的多维框架。这些维度揭示了信任形成的复杂性：一方面，个体信任的建立是一个累积的过程，前期的信任水平会影响后续信任的稳定性；另一方面，个体信任的建立是一个可转移的交互过程，各维度的信任水平之间可能相互影响。

二、智慧养老中的老年人数字不信任

社区智慧养老作为我国的新型养老模式得到了政府和各领域的积极推动，能够有效弥补家庭养老和机构养老的不足，通过物联网手段的智慧养老模式为老年人打造集安全监护、精神娱乐、健康管理、物质和生活保障于一体的多样化养老服务。但从各地实践来看，能够成功运营的社区智慧养老案例却不多，因技术、文化和社会等方面的发展困境而引发社区居民和老年人对智慧养老的不信任问题阻碍了其推广。由此，如何在智慧养老服务供给中顺应数字化时代的发展趋势，增加老年人对数字产品和技术的信任、享受数字福利，成为老龄化时代社区智慧养老不容回避的重要课题。

（一）失温的技术

数字技术在提升人们生活便捷性方面具有显著影响，涵盖从衣、食、住、行到移动支付的方方面面。然而，这种技术进步也带来了负面影响，尤其是在智慧养老领域，数字技术应用的不足严重阻碍了智慧养老的推广。这一现象主要源于老年人对数字技术的信任缺失，其主要原因包括日益扩大的数字鸿沟、养老服务供需失衡和社会适老化改造的滞后。

首先，数字鸿沟在老年人群体中尤为突出，这种现象源于数字化与老龄化之间的碰撞。银发族的数字红利尚未得到充分挖掘，老年人对数字技术的保守心理加剧了这一鸿沟。具体而言，老年人面临三个层次的数字鸿沟：基础设施的"接入鸿沟"、智能设备的"使用鸿沟"和能力素养的"知识鸿沟"。

其次，养老服务的供需失衡问题亦显著存在。养老服务市场存在需求错觉与供给错位的问题，主要表现为养老服务高供给成本与老年人低支付能力之间的矛盾。市场对于养老服务的需求往往被高估，从而导致资源配置不合理。此外，养老服务的供给也存在结构性短缺或过剩的问题，这种供给错位主要源于对目标群体需求的误判，导致服务的有效性降低。

最后，社会适老化改造的滞后加剧了老年人的数字不信任。社会适老化转型涉及基础设施、社会服务、政策和文化等多个方面，但目前在这些领域中，老年人仍处于相对弱势地位。智能产品的设计未充分考虑老年人的个体差异和实际需求，导致产品使用难度大，功能未能有效发挥。社会适老化的转型应包括基础设施无障碍化、社会服务支持、政策保障以及文化环境构建等多层面，以促进老年人共享数字红利和提高生活质量。

老年人在智慧养老领域面临的技术痛点和信任问题，需要通过多方面的改进来克服，包括推动数字技术普及、优化养老服务供给，以及加快社会适老化改造进程。

（二）缺位的共识

智慧养老结合了养老服务与人工智能，提供了智能安防系统、智能医疗在线诊疗、护理机器人等全方位照护。然而，在这一过程中，仍存在多个文化层面的障碍和风险，包括认同感不足、孝养伦理的分离以及机器人补位带来的伦理问题。

首先，认同感不足导致了老年人与智慧养老的疏远。社区智慧养老的发展尚处于初期阶段，许多老年人对这一新兴服务的认同感较低。心理上，部分老年人对互联网存在抵触情绪，且对智能手机和其他智能设备使用不熟悉，导致对智慧养老的需求感也相对较低。研究表明，老年人对智慧养老技术的信任危机表现为对现代传媒技术的怀疑、对智慧养老技术的不信任以及传统养老观念的冲击。此外，智能机器人和其他技术的引入改变了家庭伦理中的互动关系，使老年人更愿意信任传统的医生和护士，而对智能技术的接受度较低。经济因素也影响了老年人对智慧养老的认知，低收入者往往对这些技术的认知和接受程度较低。国外的研究显示，老年人在使用智能家居时面临经济、技术和心理障碍，这些问题需要通过解决道德和伦理问题来充分发挥智能技术的潜力。

其次，孝养伦理的分离可能导致情感的疏离。传统的孝养观念强调子女在父母身边进行照顾，但随着智能设备的普及，子女可能将对父母的关心寄托在购买智能产品上，例如，远程监控系统或护理机器人。这种转变可能导致传统的"孝养一致"原则被削弱，使得子女与父母的情感联系出现时空上的隔离。此外，失去配偶的老年人往往希望与子女共同生活，以缓解孤独感。

最后，机器人补位的伦理风险。随着中国社会的老龄化加剧，护理机器人逐渐成为智慧养老的一种解决方案。然而，机器人在养老中的角色带来了诸多伦理风险。机器人减少了老年人的社交机会，可能加速老年人认知能力的下降。护理机器人基于老年人的生理指标和实时数据操作，可能会侵犯老年人的隐私。机器人对老年人自由活动的限制可能会损害其自尊和自由。尽管机器人可以对老年人的危险行为发出警告，但过度限制其自由活动也可能剥夺老年人的自主意识。

智慧养老在推进过程中面临的文化层面障碍和伦理风险，需要通过多方面的共识和改进来解决。包括提升老年人对智慧养老的认同感，平衡孝养伦理与技术应用之间的关系，以及妥善应对机器人补位中的伦理问题，这些措施将有助于促进智慧养老的健康发展。

（三）缺失的信任

在当前中国智慧养老服务的实施过程中，社区间存在结构性差异，这种差异反映了人际信任的削减、系统信任的缺失和技术信任的错位。这些信任问题削弱了社区居民对智慧养老的接纳程度。因此，解决数字鸿沟、需求难以满足、适老化设计不足等问题，并提升社区的数字信任水平，是推动智慧养老高质量发展的关键路径。

首先，人际信任的削减表现为熟人社会的碎片化。传统社会中的人际信任基于"差序格局"，个体对亲人、熟人及陌生人的信任程度依次递减。然而，随着户籍制度改革和市场经济的发展，城市社区内部的人际关系变得疏离，交往变得更加工具性和暂时性，这降低了社区信任的形成。网络交往和在线沟通的兴起使得社交网络成为交往的主要通道，陌生人之间对信任的需求大幅增加，因此陌生人尽管在没有直接接触的情况下仍能建立信任。这要求在社区建设中强化信任机制，如关系信任机制、道德约束和组织信任机制。

其次，系统信任的缺失。在智慧养老实践中，社区自治系统面临行政性与社会性身份的双重矛盾，导致系统难以有效发挥作用。社区建设中的系统信任问题表现为管理制度的自上而下与自下而上的矛盾，以及法律制度不完善、多头管理和职责不清等问题，使系统难以正常发挥功能，进而加剧了社区信任缺失。因此，构建数字信任并防范系统失灵成为重要方向。

最后，技术信任的错位问题源于技术与社会的交互过程。大数据和"互联网+"技术在智能化和信息化方面奠定了基础，并逐渐应用于基层社区治理。尽管数字技术改变了人们的生活习惯和互动方式，但也带来了如非法数据收集、隐私泄露和算法不公平等负面影响，这些问题侵蚀了社会成员的安全感。技术治理模式在基层社区治理中尚不完善，缺乏对居民实际需求的考虑，智能技术的前置培训和善后工作不到位，这些技术异化风险逐渐丧失了居民的信任。

智慧养老在推进过程中面临的信任问题，需要通过加强人际信任、提升系统信任和改进技术信任等多方面的措施来解决，有助于提升社区的数字信任水平，推动智慧养老的高质量发展。

三、社区数字信任的未来演化

随着智慧养老实践的深入，部分老年人及其子女仍然对智慧养老缺乏了解和信任，最主要的原因是服务提供商和老年人的时空分离所导致的信任缺失，表现为智能产品应用不足、老年人心理接受度低、深陷数字障碍的困境等。尽管有文献分析了智慧养老存在的问题，但很少有研究深入剖析居民对智慧养老的数字信任问题。数字信任是随时间变化的一个过程，随着时间的推移，数字信任逐渐强化，下面旨在研究数字信任的演进过程来弥补相关的研究空缺。

（一）社区数字信任形成的三个阶段

信任的产生和发展经历了计算型信任、了解型信任和认同型信任三个阶段，数字信任也经历了相应的三个阶段，每个阶段具有不同的特点。

首先，计算型信任基于认知基础，是信任产生的初步阶段。在这一阶段，人们通过对他人或组织的认知判断来决定是否信任对方。认知基础分为值得信任、不信任和不确定三类，信任的形成基于对他人行动一致性的假设，即相信他人会因利益考量和惩罚威慑而履行承诺。计算型信任主要依赖于对互动感知成本和回报的评估，而不是对他人积极意图的信任。在社区数字生态系统中，奖惩系统和评估机制发挥重要作用。例如，如果服务机构能够有效满足居民需求，就会获得较高的服务评价，从而在竞争中获得优先展示。这种机制提供了相对客观的信息，帮助居民决定是否信任未曾合作过的服务机构或社区组织。然而，初始阶段的计算型信任较为脆弱，可能因为监管缺失或服务质量未达预期而受到负面影响。

其次，了解型信任在计算型信任的基础上，基于情感因素建立。情感信任建立在人际交往的频繁和相互吸引上，随着互动频率的增加，情感型的认知因素增强，推动社区数字信任的发展。情感信任不仅依赖于对他人的认知，还包括对社区行为的认可和体验。公众对智能老龄化社区的满意度直接影响其信任度，而感知有用性和感知易用性是影响满意度的关键因素。在社区中，异质性的参与网络通过促进不同类型居民之间的交往，增强了社区的情感依赖。此外，技术接受模型和客户满意度指数的研究表明，提升社区服务的感知质量和便利性，有助于形成稳定的了解型信任。

最后，认同型信任是社区数字信任的高级阶段。在这一阶段，个体不仅了解社区和数字化服务系统的信息，还认可社区组织的行为动机，减少了关系中的不确定性和风险，并愿意为社区建设贡献力量。认同型信任建立在对共同价值观和规范的认同之上，是经过长期互动和合作形成的。社会心理学研究表明，对他人行为、动机和偏好的了解会增加对他们的认同。在社区中，认同型信任通过共同的规范和价值观得以形成，并促进居民的价值共创行为。数字化生态服务系统在这一过程中发挥了重要作用，通过提升居民对社区的认同感，减少了信息不对称带来的交易成本。

（二）不同阶段社区数字信任的形成机制

计算型信任的形成机制基于理性经济人的行为模式，以市场交易为导向。它依赖于风险评估，并通过奖惩机制和声誉机制来建立。奖惩机制指的是交易双方基于对对方在规则框架内完成承诺的信任，如果违背约定则会受到潜在的惩罚。老年人在选择社区养老服务和智能产品时，会评估信任行为的潜在风险与收益，权衡其成本和回报，以形成计算型信任。此类信任在市场化经济中表现为机构的利益与效用的平衡，即便存在机会主义行为的倾向，仍会依据理性计算做出决策。声誉机制则依赖于长期的市场交易记录，包括机构的服务品质、契约履行情况和客户评价。声誉好的机构代表较低的不确定性和风险，能够提升个体的信任水平并降低交易成本。良好的声誉机制促进了计算型信任的建立，而机构对声誉的重视也使其更加关注避免失信行为，避免受到公众的惩罚。

了解型信任则基于更多的市场信息来降低交易风险，其形成依赖于良好的互动交易机制和制度机制。互动交往机制使老年人能够获取详细的市场信息，频繁的互动有助于增加对对方行为的预测准确性，降低信任风险。了解型信任是一个逐步积累的过程，通过不断地交流和互动，老年人对技术、制度、信息内容和交易行为的理解逐渐加深，从而减少了信任的不确定性。互动交往的结果可以是信任的增加或减少，这取决于交流的质量和频率。制度机制作为信任的外部条件和冲突解决机制，也对了解型信任的建立起到重要作用。法律制度确保交易过程的公正和顺利进行，是处理争端、防止欺诈的最后保障。

认同型信任在计算型信任和了解型信任的基础上进一步发展，体现了关系和情感的升华。认同型信任内嵌于社区文化，通过关系共同体机制和信任文化机制得以形成。关系共同体机制通过信息共享、公共服务传播和对违反规则行为的集体制裁，增强了社区内的信任关系。在这一机制下，养老服务机构能够更好地理解居民的真实需求，并提供相应的服务，从而促进了对社区规则的认同。信任文化机制则建立在共同的价值观和利益共享机制上，居民的认可和信任为社区数字信任提供了稳固的基础。认同型信任不仅减少了环境的不确定性，还巩固了长期稳定的信任关系，形成了以共同价值观为基础的利益共同体。

（三）社区数字信任如何破解智慧养老难题

社区数字信任在破解智慧养老难题中发挥着重要作用，通过信息互动机制、运营维护机制和智能运行机制，可实现社区智慧养老的闭环生态信任联动。

首先，信息互动机制是社区数字信任的基础，它将养老需求方、供给方和服务方纳入养老体系，确保老年人各项权利的保障。通过提升智能家居的融入度，社区数字信任可以显著增加老年人对智慧养老的信任度。智能家居设备提供便捷的健康监测、定时提醒和实时报警功能，能有效提高养老服务的效率和安全性。为了进一步提升老年人对智慧养老的信任，养老服务提供商可以通过问卷和访谈了解老年人对智能家居的需求，进行量身定制，此外，开展使用培训和提供维护服务也能增加老年人对智能家居的信任。社区数字信任还支持养老数据的实时可控运营，通过整合碎片化的数据，提供适配性更高的服务，同时实现各主体的数据互联互通，保障数据安全并满足老年人个性化的服务需求。

其次，运营维护机制利用社区数字信任建立全新的线上线下协同信任体系。社区数字信任助力建立社区信任机制，通过实时交流促进智慧养老的发展。例如，建立健康管理和安全报警系统，确保数据的安全可靠存储和传输，有助于打破机构之间的隔阂。技术支持机制方面，智慧养老大数据平台提供技术支持，提高了老年人对智能产品的接受度。老年人对于智能技术的采纳受到感知易用性、自我效能和社会影响的驱动，社区可以通过技术支持和交流互动提高其接受度。服务支持机制则通过完善顾客满意指数测评和意见反馈机制，改进智能产品和服务系统设计，及时解决老年人在智慧养老服务中的实际问题，增强社区服务的有效性和用户的信任。

最后，智能运行机制通过社区数字信任实现了政府、机构和老年人之间的边界打通，利用大数据和智能服务推动养老信息的正向循环。这一机制使得智慧养老从碎片化的服务模式转变为无界协同，促进了跨部门、跨层级的多元协作，解决了传统养老模式中的信息沟通不畅、职能重复和服务碎片化问题。智慧养老大数据服务平台通过信息中转，实现了资源的高效配置和无障碍流动。此外，社区数字信任还推动了"互助养老"模式的探索，通过积分兑换服务或智能产品的方式，调动年轻人为老年人提供公益服务的积极性，从而缓解社区养老服务人员短缺问题，促进社区的认同型信任，并推动智慧养老生态系统的智能运行。

四、如何建立社区数字信任

数字信任是数字时代智慧养老面临"数字不信任"危机的重要解决方式，著者已从学理角度探讨数字信任的理念，并对其内涵、特征、相关主体、演变逻辑和形成机制展开研究。结合上海市智慧养老实践为案例，探讨通过提高智能化水平、营造老年友好型社区文化和构建智慧养老服务体系，建立社区数字信任。

（一）提升智慧养老的智能化水平

提升智慧养老的智能化水平涉及多个方面，包括弥合数字鸿沟、促进养老服务供需对接精准化和提高技术成熟度。

弥合智慧养老的数字鸿沟是提高智能化水平的基础。数字鸿沟主要表现为接入鸿沟、使用鸿沟和知识鸿沟，其中，缺乏数字信任是一个重要原因。提升老年人的数字能力可以帮助他们跨越这些鸿沟。政府需要推进智慧养老服务平台的建立，同时实施"数字反哺"战略，开展技能培训和智能产品使用教学，普及预防电信诈骗知识，构建可信任的环境。数字信任与智能产品使用意愿相互促进，老年人对智能技术的了解会提高他们的使用意愿，从而弥合数字鸿沟。上海市通过优化终身学习网络体系，依托电子地图和多平台建设，推动社区智能化应用场景建设，帮助老年人了解和适应新技术，增强数字信任。

促进养老服务供需对接精准化是智慧养老的另一个关键。传统的养老服务模式存在供给困境，通常由政府主导提供，公众则是被动接受者。智慧养老模式下，通过大数据服务平台，老年人可以主动表达需求，服务提供者可以更高效地识别这些需求，从而实现精准化对接。为了满足老年人日益多样化和个性化的需求，智能产品企业需要创新产品种类，提高产品质量，并考虑智能产品的适老性问题。同时，政府应打破对单一资金来源的依赖，吸引民间资本和社会力量参与社区智慧养老，通过政策倾斜和税收减免等措施，扩大资金来源，提高服务质量。

提高智慧养老的技术成熟度是实现智能化水平提升的重要方面。目前，智慧养老技术的成熟度和普及率仍然不足。智能产品在设计、信息交流准确性、情感交流有效性、服务人性化和使用安全性等方面还有许多不足。加快新兴技术的创新应用，尤其是人工智能技术，可以显著提高医疗健康服务和智能护理的效率和质量。例如，可穿戴设备、智能聊天机器人、远程问诊和计算机影像辅助诊断等技术有望满足老年人多样化的需求。社区智慧养老服务平台应加快智能技术的创新应用，建立对智慧养老的数字信任，以提供更高效、便捷的养老服务。

（二）营造老年友好型社区文化

营造老年友好型社区文化是提升智慧养老水平的重要方面。2020年卫健委和国家老龄办联合发布的通知提出，要丰富老年人的精神文化生活，提高科技文化水平，并计划到2035年底实现全国城乡老年友好型社区全覆盖。该任务涉及居住环境、日常出行、为老服务、精神文化和科技水平等方面，为社区智慧养老建立了长效机制。老年人对智慧养老的数字信任有助于树立积极老龄观，并使他们真实体验到"科技享老"的福利。

1.树立积极老龄观

智慧养老的推广不仅需完善技术和管理，还需关注认知和心理因素。许多老年人对智能产品持怀疑和畏惧态度，难以形成深刻认识。需要通过增加智慧养老的技术温度和优化数字无障碍环境，逐步建立数字信任。智慧养老的认知偏差主要包括效用偏差、需求偏差和概念偏差。效用偏差指的是社会宣传夸大智慧养老的效用；需求偏差指的是对老年人需求把握不准确；概念偏差则忽视了人伦体验。建立数字信任需在正确的数字认知基础上进行，减少老年人对未知的恐惧，并通过与智能产品的频繁接触，帮助他们适应数字环境，树立积极的数字养老观念。针对老年人对新技术的抵触情绪，社区教育和数字反哺战略尤为重要，通过教育帮助老年人融入智能生活，填补数字鸿沟。

2.增加智慧养老的技术温度

在强调数字化养老时，不应陷入"技术冷漠"的局限。智慧养老需要关注老年人的心理健康和情感需求。研究显示，精神慰藉类智能养老服务的缺乏导致老年人满意度较低。因此，智慧养老应增加技术温度和人文温度，以人为本，重视老年人的情感需求。实施数字包容战略，鼓励年轻人帮助老年人融入数字世界，通过培训和竞赛增加他们对信息技术的敏感度，并为老年人提供开放、包容、友好、便捷的数字社区环境。养老服务机构应合理利用老年人的数据，进行精细化供给，根据年龄、经济水平、需求、爱好等信息，定制个性化服务，体现技术温度和人文温度。

3.提供多元养老生态

智能技术的应用应克服技术带来的负面影响，高技术的发展可能导致人文情感的缺失。因此，在技术发展的过程中应谨慎开发，智慧养老应以技术为手段，结合传统养老文化，让老人选择有尊严地老去，并通过社区塑造尊老爱老的文化，提供多元养老生态。首先，利用老年人的经验智慧来设计智能养老产品，提升他们的自我认知和尊严。其次，注重智能产品的适老化设计，满足老年人的实际需求。对于追求简约生活的老年人，产品设计应注重实用性和操作简洁性；对于追求自然的老年人，可开发与生态环境相融合的产品；对于崇尚科技的老年人，提供可持续的共享养老产品，提高幸福指数。通过这些方式，可以为老年人提供多元化的养老生态，提高智慧养老服务的影响力。

（三）构建智慧养老服务体系

智慧养老尚处于探索阶段，相关研究和实践尚未成熟。在社区推广过程中，需加快构建智慧养老服务体系，重点从以下三方面着手。

首先，要加强社会化养老建设。目前，社区智慧养老服务发展严重滞后，难以充分发挥其依托作用，也无法建立老年人的数字信任。问题表现为智能产品质量参差不齐、缺乏智能设备财政补贴机制以及服务人员管理体系不完善。未来智慧养老产业的发展依赖于国家智慧管理体系的建立，加强社会化养老建设是智慧养老发展的必要基础。为此，需促进智慧养老政策和技术的有效落地。尽管政府近年来提高了政策出台频率，但实际落实情况常常滞后，地方政府未能结合实际情况推进政策。政府有关部门应全面理解其职责，加大对社区养老的投入，合理规划社区养老服务资源，改善社区配套设施，充分发挥社区养老的作用。同时，要加强智慧养老产业复合型人才的培养。目前，智慧养老服务人才供给无法满足日益增长的需求，例如老年医疗护理专家、老年心理疏导、老年技术培训等人才短缺。政府需加强与学校合作，鼓励校企合作，提升服务意识，并通过实践培训提升学生的服务能力。此外，养老服务机构应加强对基层服务人员的培训，提高他们的应急处理能力和专业救治能力。多主体协同供给也是构建智慧养老服务体系的关键，鼓励社会力量参与智慧养老，通过市场竞争、社会互助和志愿服务等方式扩大服务供给，增加服务的多样性和丰富性。

其次，应构建多元社区养老发展机制。社区智慧养老是社会养老服务体系的重要组成部分，直接决定了居民养老服务质量并影响机构的服务需求。为此，需要明确社区智慧养老的发展目标，并加大政策支持力度。《国务院关于印发"十四五"国家老龄事业发展和养老服务体系规划的通知》提出了社区养老服务的指导意见，设定了具体目标任务，如到2025年，养老服务中心建有率达到60%，共同构建"一刻钟"居家养老服务圈等。政策支持应着眼于解决"供给侧的高成本和需求侧的低支付能力"这一矛盾。政府应通过提高老年人的收入水平、完善公共养老金体系、鼓励家庭支持等方式提升养老服务的支付能力，同时通过财政补贴、税收减免等措施降低服务成本。还需充分调动社会力量参与养老服务供给，给予税收优惠等政策支持，积极发挥政府的指导作用，提高供给效率，并通过激励措施增加社区内的养老互助行为。

最后，构建智慧养老的监督机制是提升智慧养老服务质量的关键。已有研究表明，大多数老年人更愿意接受政府提供的养老服务，对市场化机构的认可度较低。因此，建立高效的监管机制至关重要。政府应加强服务监督和行业自律，建立民政部门和相关部门协同配合的监管机制，严厉打击养老服务机构的违法违规行为，建立定期检查制度，并对不符合规定的机构进行市场退出处理。养老服务资源整合也是必要的，社区养老服务应至少包括生活照料和医疗康复，整合社区周边资源，将符合条件的机构和服务提供商纳入智慧养老系统。运用互联网技术实现全程监督也是保障服务质量的重要手段，通过服务对象反馈、回访和订单评价等方式实现全过程监控，确保服务水平并及时改进。具体措施包括将服务情况的视频或照片上传至服务中心，及时处理不满意情况，实行积分管理制度，逐步提升服务满意度，从而建立老年人对社区智慧养老的数字信任。

综上所述，构建智慧养老服务体系需从社会化养老建设、多元社区养老机制和有效监督机制等方面综合推进，以提高智慧养老服务的质量和效率。

参考文献

[1]周裕琼，林枫.数字代沟与数字反哺：老年数字融入的中国路径[M].北京：社会科学文献出版社，2024.

[2]钱婧，屈逸，王斌."百岁时代"下的老年群体：特征、需求与赋能[M].北京：经济科学出版社，2021.

[3]闻玉梅.健康老龄化发展战略研究[M].上海：上海科学技术出版社，2017.

[4]之江实验室.探路智慧老龄社会 迈向数字包容的智慧老龄社会[M].北京：中国科学技术出版社，2022.

[5]杨宏.我国城市老年群体网络消费[M].长春：吉林人民出版社，2020.

[6]王盈盈，彭光灿.老年公共服务概论[M].成都：西南交通大学出版社，2022.

[7]李发戈.超越公民数字素养技能：领导干部的数字能力及指标体系构建[J].四川行政学院学报，2023（3）：52-63+102-103.

[8]王启凡.老年智能教育线上线下混合式教学模式探索[J].互联网周刊，2022（21）：56-59.

[9]杨智淇.数字经济对外商直接投资的影响机制研究[J].中国商论，2022（20）：37-39.

[10]卢欢欢.老年数字鸿沟弥合的社会支持研究[J].新媒体研究，2022，8（20）：59-63.

[11]曾粤亮，韩世曦.政策工具视角下我国老年人智能技术运用政策文本量化研究[J].情报资料工作，2023，44（2）：73-83.

[12]张兴文，李杨，吴思远，等.浙江省人口短中期发展趋势预测分析：基于队列要素模型和比外推法[J].统计科学与实践，2022（8）：25-29.

[13]罗强强，郑莉娟，郭文山，等."银发族"的数字化生存：数字素养对老年人数字获得感的影响机制[J].图书馆论坛，2023，43（5）：130-139.

[14]中华人民共和国国家卫生健康委员会.《中共中央国务院关于加强新时代老龄工作的意见》解读问答[J].中国实用乡村医生杂志，2022，29（1）：9-13.

[15]刘刚，靳中辉.中国智能经济的全球创新网络及其演化机制[J].河北经贸大学学报，2022，43（1）：33-45.

[16]罗丹，詹国彬.能力贫困视角下老年群体数字贫困及其治理策略[J].中共杭州市委党校学报，2022（1）：69-76.

[17]国务院关于印发中国妇女发展纲要和中国儿童发展纲要的通知[J].中华人民共和国国务院公报，2021（29）：13-52.

[18]戈晶晶，梁春晓.以数字化推动老龄化社会转型[J].中国信息界，2021（3）：26-29.

[19]司莉，陈辰，郭思成.中国图书馆学的应用实践创新及发展研究[J].中国图书馆学报，2021，47（3）：23-42.

[20]左美云，刘浏，尚进.从国家政策看智慧健康养老发展脉络[J].中国信息界，2021（1）：72-75.

[21]原新，金牛.中国老龄社会：形态演变、问题特征与治理建构[J].中国特色社会主义研究，2020（Z1）：81-87.

[22]管文艳.老年人网络消费影响因素研究[J].智能计算机与应用，2020，10（9）：238-239.

[23]王欢欢.基于AHP的互联网+智慧养老服务发展制约因素分析[J].智能计算机与应用，2020，10（8）：221-223.

[24]杨菊华.智慧康养：概念、挑战与对策[J].社会科学辑刊，2019（5）：102-111.

[25]陶飞，戚庆林，王力翚，等.数字孪生与信息物理系统：比较与联系[J]. Engineering，2019，5（4）：132-149.

[26]王积超，方万婷.什么样的老人更幸福？——基于代际支持对老年人

主观幸福感作用的分析[J].黑龙江社会科学，2018（5）：77-87+160.

[27]屈贞.智慧养老：创新我国养老服务供给模式新选择[J].天津社会保险，2016（6）：21-22.

[28]屈贞.智慧养老：创新我国养老服务供给模式新选择[J].天津社会保险，2016（6）：21-22.

[29]屈贞.智慧养老：机遇、挑战与对策[J].湖南行政学院学报，2016（3）：108-112.

[30]杨新.公共图书馆老年读者服务策略分析[J].内蒙古科技与经济，2015（18）：129-130.

[31]胡百精，李由君.互联网与信任重构[J].当代传播，2015（4）：19-25.

[32]周晓虹.文化反哺与器物文明的代际传承[J].中国社会科学，2011（6）：109-120+223.

[33]刘郁.从文化反哺视角看家庭情感沟通功能的再建[J].贵州大学学报（社会科学版），2011，29（5）：128-133.

[34]李俊松，张艳.新生代老年人线上消费的影响因素与促进策略[J].市场周刊，2024，37（14）：77-81.

[35]江颖.老年教育数字化空间生产：源流、体现及其路径转向[J].教育与职业，2023（19）：86-93.

[36]李晓静，王志涛.数字乡村战略下我国农民数字技能量表构建及应用[J].图书与情报，2023（4）：117-128.

[37]汪伟.中国人口老龄化发展趋势与应对[J].团结，2023（3）：34-37.

[38]张玮璇.城市老年人数字能力提升的社会政策支持研究[D].吉林大学，2023.

[39]朱彦卿.文化反哺：城市老年人数字化生存的可行路径[D].中共江苏省委党校，2023.

[40]孙莹.数字时代老年人智能手机学习障碍研究[D].云南师范大学，2023.

[41]冯可可.城市社区老年人融入数字信息社会的实务探究[D].海南热带海洋学院，2023.

[42]余宇."银发冲浪族"：数字时代老年人的社会互动研究[D].山东大学，2023.

[43]金佳子.弥合上海老年人数字鸿沟的朋辈互助方式研究[D].华东师范大学，2022.

[44]王姚嬉娃.城市老年群体的数字融入问题研究[D].东北财经大学，2022.

[45]李燕.家庭亲子代抖音数字反哺意愿、行为与效果研究[D].上海外国语大学，2022.

[46]王泽铭.老年人数字融入的困境及社会工作介入策略研究[D].重庆大学，2022.

[47]王越.太原市智慧社区居家养老服务问题研究[D].山西财经大学，2021.

[48]徐越.老年人数字包容的困境及化解路径研究[D].上海工程技术大学，2020.

[49]高学德.社会流动与人际信任关系研究[D].南京大学，2014.

[50]冯子木.老龄化社会背景下公共图书馆服务研究[D].黑龙江大学，2014.

[51]赵雪峰.社会认同威胁对信任水平的影响研究[D].西南大学，2011.

[52]何德华.农村地区移动服务采纳模型和发展策略研究[D].华中科技大学，2008.

[53]罗丹.公共服务过程中老年群体数字贫困及其治理策略研究[D].南京审计大学，2022.

[54]文丽娟.完善法律制度保障"银发族"再就业权益[N].法治日报，2023-03-10（007）.

[55]金歆.互联网激发经济社会向"新"力[N].《人民日报》，2024-03-23（005）.

[56]李金萍.我国正快速迈向超级老龄化既是挑战也是机遇[N].21世纪经济报道，2023-09-21（006）.

[57]新时代积极应对人口老龄化发展报告——中国老龄化社会20年：成就·挑战与展望[C]//中国老年学和老年医学学会.新时代积极应对人口老龄化发展报告——中国老龄化社会20年：成就·挑战与展望.[出版者不详]，2021：24.